JN017143

スギと広葉樹の混交林

蘇《よみがえ》る生態系サービス

清和研二

農文協

まえがき

考え方を変えてみる

スギは長命で巨大な生き物だ。屋久島では数千年も生き、秋田では60ｍの高さに達する。加工しやすく、材質も抜きん出ている。だから古来から数えきれないほどの建築物を支えてきた。自然乾燥した材はとても香り高い。それに健康によい成分をたくさん持つという。世界に冠たる優れた樹木だ。

ただ、必要以上に植え過ぎたようだ。だから値崩れし、放置された。スギ人工林の荒廃は日本全国を覆っている。林業者の目論見が外れただけでは済まない。年々増える大量の花粉は多くの人々を苦しめている。豪雨が続けばひょろ長くなったスギ立木が急斜面を滑り落ち、川に流れ込めば下流に大きな被害をもたらす。むしろ一般の人たちには疎まれ始めている。スギ材は本来の価値を生かせないまま捨て伐りされ、燃料にされ粗雑に扱われるようになった。このままでよいのだろうか。人間のためにも、スギのためにも森のためにも、そして地球の将来のためにも考え方を根本的に変える時期が来ている。

日々の風景

スギは日本中どこに行っても目にする。農村や山村に行けば、家の周りには必ずといっていい

図1　三重県尾鷲の人工林施業
密植し間伐・枝打ちを繰り返しながら、通直で完満、年輪幅が狭く均一で無節な高品質材を生産する。皆伐し、再造林を繰り返してきた

ほどスギが植えてある。集落の裏山もスギで埋め尽くされているところが多い。子供の頃遊んだ河畔林も黒っぽいスギ林になり魚影が消えた。紅葉がきれいな森はスギ林に置き換わり、山の奥に追いやられた。田舎の人も都会の人のようにわざわざ車で出かけて紅葉見物をするようになってしまった。困ったものだ。

ほんのすこし前、それでも50～60年前には、薪炭林として里

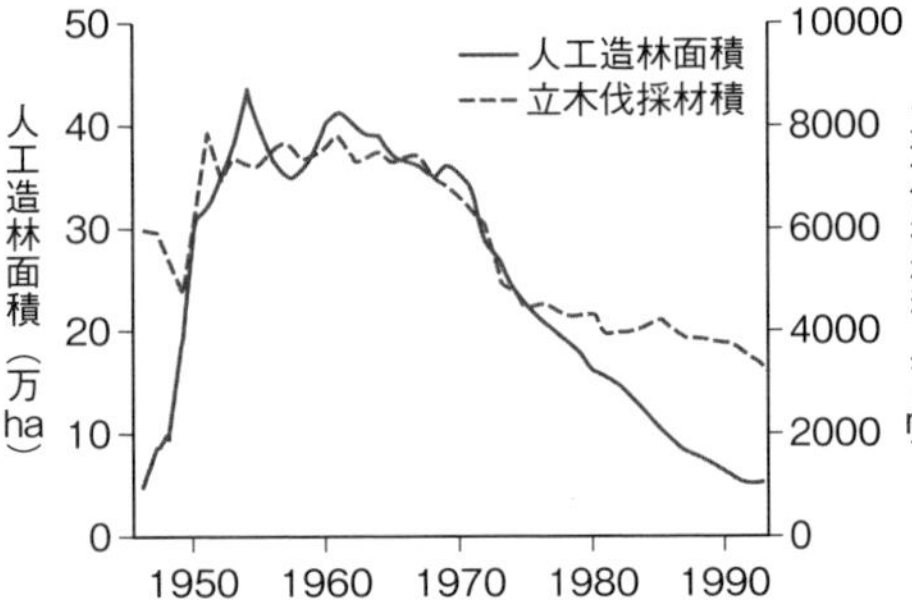

図2　拡大造林時代の天然林伐採と針葉樹の大面積造林
特に1950年から1970年までは天然林の大量伐採(---)の後に、毎年40万haもの人工造林(―)を行なってきた(林業技術 1995より作図)

図３　東北地方の山間地でよく見られる風景
見渡す限り田んぼとスギだけが広がる

山には広葉樹林が広がっていた。モミジやカエデ、サクラなども混じり、山里の風景を彩っていた。淡い若葉も燃えるような紅や橙も、ふだん見る風景だったのである。今の日本人は木々にも風景にも興味がなくなったのだろうか。だから目の前からきれいな四季が消えてしまっても無頓着なのだろうか。そんなことはない。ただ、生まれてこの方、きれいな森を知らないだけなのだ。針葉樹だらけの風景に慣らされているだけなのである。まだ貧しい時代、針葉樹を植栽すれば、いずれ宝の山に変わるという言説があった。大きな趨勢に逆らわない国民性が日本中の景色を変えてしまったように思える。

このような景観を作ったのは第二次世界大戦の敗戦後である。それまでは、スギやヒノキはいわゆる有名林業地帯で主に植えられていた。吉野、尾鷲、飫肥、日田、京都北山などの大山主は、人工植栽した林をきっちりと密度管理し、高品質な材を売り、優雅に暮らしていた（図１）。このような先進地の施業を真似れば、日本全国どこでも林業経営が成り立つだろう。これはきわめて安易で無定見な考えだった。スギ、ヒノキだけでなく、アカマツ、カラマツ、トドマツなどの針葉樹を一種だけ、見渡す限りの大面積に植えていった（図２）。この国策が日本の風景を一変させたのである。

拡大造林と言われたこの政策が一段落した頃、田んぼとスギ林は日本の原風景だと言った評論家がもてはやされていた（図3）。われわれは単調な風景に慣らされてしまい、知らず知らずに感性さえも衰えてしまってはいないだろうか。未来の子供たちにはもっと豊かな自然、本来の風景を見せてやりたい。

木材が売れない理由

スギ人工林は全国の隅々まで急激に広がった。しかし、スギ材は値崩れを続けた。スギの価格は中丸太で1980年の3万9600円をピークに2017年には1万3100円と長期低落を続けている。円高の進行、保育・伐採・搬出などの経費の高騰、安い外材の輸入などいろいろ理由は挙げられている。しかし、最たる要因は、需要を見誤ったというより、無計画な作り過ぎによる値崩れが主な原因であろう。それに、〝木を使おう〟と長く呼びかけてきたが需要が伸びない。これはスギ材の価値が低く見られているからではない。どんなスギ林から生産された木材なのか、という点で説得力に欠けるからだろう。現代人は地球環境の保全に未だかつてないほどの関心を寄せている。林業者も環境への配慮を口に出し、努力し始めている。しかし、今行なわれている人工林施業では現代の消費者の高い環境意識を納得させてはいないような気がする。得心して木材を買ってもらえる水準に達していないことを皆、薄々感じているからなのだろう。では、どうしたら納得してもらえるのだろうか。

生態系サービスの低下——衰えた森の力

拡大造林が始まってしばらくの間、若い針葉樹人工林では病虫害や気象害が頻発していた。大面積造林がなくなった今ではもう忘れられているようだが、数ヘクタールから数万ヘクタールレベルで若いうちに崩壊していった。北海道ではカラマツの先枯れ病やハバチの大発生、トドマツの枝枯れ病が大流行した。成林した後も手入れ不足による混み合いによって、強風や冠雪による幹折れや倒木、大雨による表層崩壊が誘発されている。また、混み合った人工林では水源涵養機能の低下が懸念されている。特に、ヒノキ林では下草がないため雨が直接地面を叩くことによって、土壌の団粒構造が破壊され、雨水が地下浸透せず、地表流となって直接河川になだれ込み洪水などを引き起こす危険性が指摘されている。スギ林でも混み合った林分ほど渓流に流れ込む水の硝酸態窒素濃度が上昇することが報告されている。間伐遅れなどの手入れ不足が生活環境を少しずつ脅かしていることは間違いないだろう。

本来、健全な森林生態系は洪水や渇水を緩和し、水質を浄化するといった様々なサービスを人間に提供すると考えられている。なぜ、人工林では生態系のサービスが低下するのだろう。何が原因なのだろう。手入れ不足によるものだろうか。きちんと間伐して混み合いを解消し林床に光が届き、下草が繁茂すれば生態系として機能するのだろうか。そうではないような気がする。むしろ、自然界にない人為的に作られた人工林という、生態系の改変（単純化）が生態系サービス低下の原因ではないだろうか。近年の森林生態学の進歩は生態系劣化の根本要因が生物多様性の喪失であることを明らかにし始めている。

図4　自生山スギ天然林（宮城県大崎市鬼首）

手入れ不足のせいなのか、それとも生物多様性の喪失によるものか

地球上では森林が急速に減少している。これが一番の問題だが、それだけではない。一見、森があるように見えても、その中身が問題だ。どんな樹木でも、びっしり並んでいれば、そこは森に見える。樹高10ｍに満たないオイルパームの植林地（プランテーション）でも、樹高70ｍを超える巨木が林立する種多様性に富む熱帯雨林でも、上から見れば緑に見える。スギやヒノキの若齢の人工林でも、老熟したブナやミズナラの天然林でも、皆、森と言われているのである。しかし、それが本来の機能を果たしている健全な森なのか、ただ緑色の葉をつけた木々の集団に過ぎないのかは、調べて見なければわからない。

針葉樹人工林でも植栽時には一種しかないが、広葉樹を除伐しないで間伐を繰り返しているうちに、広葉樹が混じってくる。わが家の裏山のアカマツ林はこの20年でマツノザイセンチュウによって見る見るうちに枯れてしまい、下から伸びてきたヤマグワ、カスミザクラ、オオヤマザクラ、ヤマモミジ、ハリギリ、コシアブラなどにほぼ置き換わっている。その隣にある薪や炭を生産していた薪炭林はコナラやクヌギが上層を占めてはいるが、次第にイタヤカエデ、サクラやコシアブラ、アオダモなどの広葉樹が混ざり太くなってきた。林床にはモミの稚樹が定着している。人の手のあまり入っていない老熟林に行けば様々な太さの様々な樹種が落ち着いた姿を見せてくれる。もともと森林はその地域固有の種多様性を持つように変化していく、すなわち遷移していくものなのである。

スギ林はもともとスギだけで成り立っているわけではない。天然のスギ林は多くの広葉樹と混交している。宮城に残るスギ天然林ではブナをはじめ様々な広葉樹と混ざり合っている（図４）。それも１本１本が個別に、つまり単木的に混じり合っている。これがスギ林なのかと思えるほど樹種が多様できれいな森である。

天然林を長く観察していると、スギ人工林における生態系サービスの低下は単なる手入れ不足や間伐遅れによるものではないと思うようになってきた。本来のスギ林が持つ生物の多様性が大きく減少したからではないか。暗い人工林と明るい光に満ちた天然林を行きつ戻りつしながら長年研究しているとそう確信できるようになった。本当にそうなのか。そこで、混み合ったスギ人工林を様々な広葉樹の混じった混交林に作り変えてみることにした。そして、スギだけの単純な林と生態系サービスを比較してみたのである。

混交林化すると生態系サービスは増すのか──尚武沢試験地の設定

東北大フィールドセンターは宮城県北西部の山形・秋田・岩手３県との県境にある。２００３年の秋、雪が１ｍほど積もる尚武沢地区のスギ人工林に試験地を設定した。〝尚武沢試験地〟で

（注1）森林認証制度：適正に管理された認証森林から生産される木材などを生産・流通・加工工程でラベルを付けて分別し、表示管理することにより、消費者の選択的な購入を通じて持続的な森林経営を支援する仕組みのことを言う。

は、スギ立木の3分の2を抜き切りした強度間伐区、3分の1を抜き切りした弱度間伐区、そして何もしない無間伐区の三つを作った。弱度間伐は下層植生が繁茂する、よく手入れされスギ林が目標だ。森林認証制度（注1）で推奨されるような林だ。強度間伐区は本試験地の目玉であり、目標はスギの天然林だ。スギと広葉樹が林冠で混交する林である。試験地設定後、3回の間伐を繰り返し、広葉樹の成長や種多様性の回復を調査し続けた。時間とともに森林の様相が大きく変化してきた。予想通り、強度間伐区では広葉樹は林冠を目指しどんどん成長し、弱度間伐区では下層に止まっている。森林生態系の持つ様々な環境保全機能、つまり生態系サービスも間伐強度で大きく異なってきた。俄然、おもしろいことになってきた。

種多様性復元の驚くべき効果

尚武沢試験地について講義をしたり、学会などで発表していると、興味を持った学生や研究者がたくさん尚武沢にやってくるようになった。スギ林に広葉樹が侵入し成長していく過程を丹念に調べ、様々な生態系サービスについての共同研究が広がっていった。国立環境研究所の林誠二さんたちが水質浄化機能を調べ始めたことが発端となり、次第に生態系内の窒素循環の全体像を追い始めた。水質浄化機能と根系構造との関係、リター（落葉落枝）の分解や土壌の無機化速度の違いまで、学内外の土壌や根、そして菌類の専門家などに教わりながら調べていった。ついでに、水の地下浸透の仕組みも調べてみた。たくさんの人たちに教わりながら十数年も調べ続けて

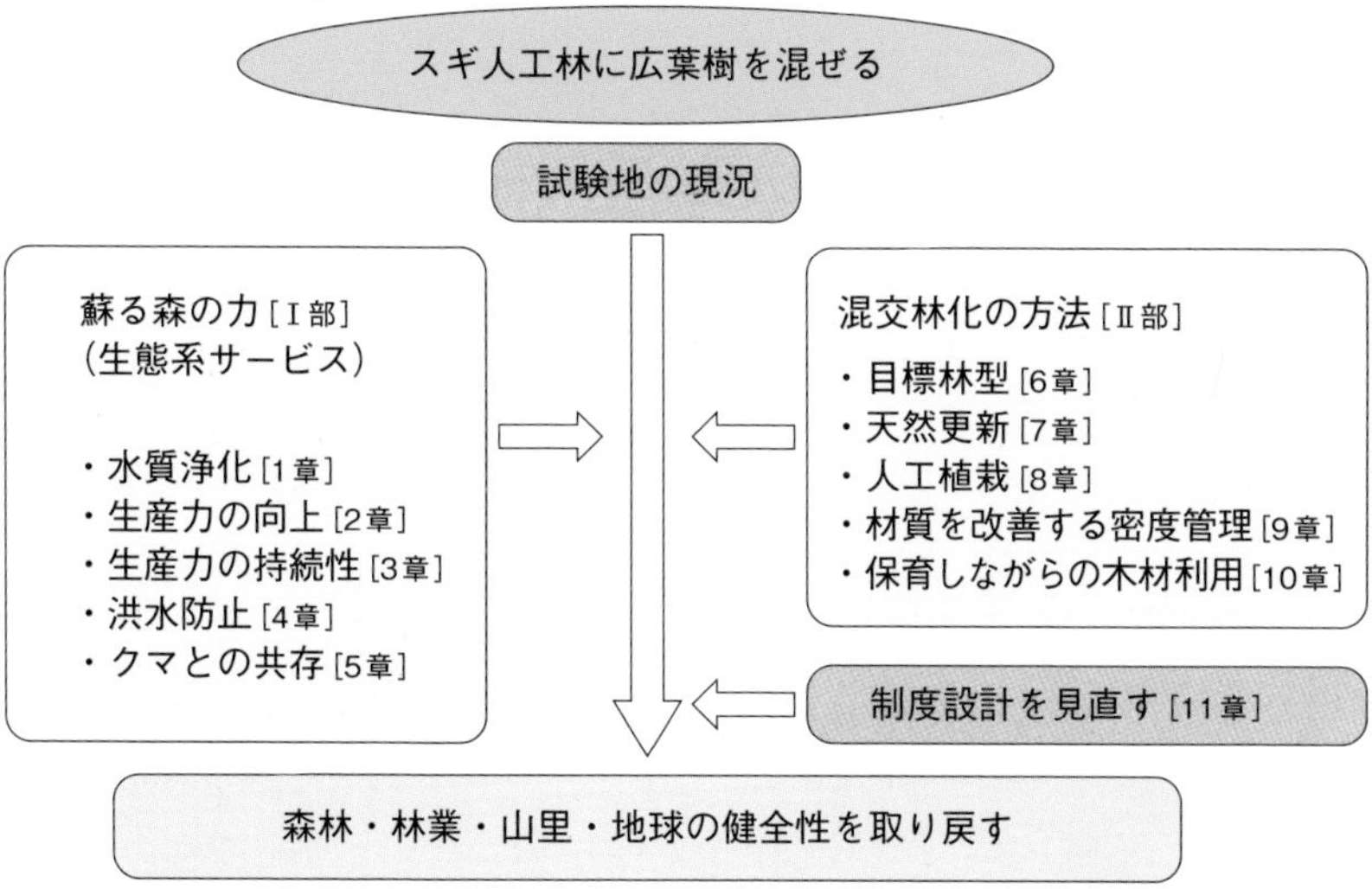

図5　本書の構成

いるうちに驚くべき変化が見えてきた。スギ単純林がスギ天然林に近づくにつれ、つまり広葉樹が大きくなりスギの林冠に近づくにつれ様々な生態系サービスが大きく改善することが明らかになったのである。驚いたことに、その回復の程度は下層植生の繁茂が見られる弱度間伐したスギ林とは比べものにならないのである。

混交林化による生態系サービスの向上は計り知れないものがある。その恩恵は森林所有者や山間地に住む人たちのみならず、地球に住む全ての人類、そして全ての生き物が享受できるものなのである。このことをみんなに知らせたい。そう思って書いたのが本書である。

本書の構成（図5）

Ⅰ部では、広葉樹の混交による驚くべき生態系サービスの向上について最新の研究成果を紹介する。1章では、広葉樹との混交がどのようにして水質浄化を引き起こすのか。2章では、混交林化が森林全体の生産力をどのように向上させるのか。3章では、水質浄化や生産力向上は持続するのか、持続性を保証する窒素循環システムの全体像を説明する。さらに、4章では混交林化は、

（注2）わが国の温室効果ガス排出削減目標の達成や災害防止等を図るための森林整備等に必要な地方財源を安定的に確保するために創設された税金。

なぜ土壌への水浸透能を改善し、洪水や渇水を減らす可能性があるのかについて解説する。そして5章では広葉樹がさらに成熟し栄養豊富な果実をたくさん供給するようになればクマを山に留め置くことができるかもしれない。その可能性を探った。

Ⅱ部では、どのようにしてスギと広葉樹の混交林を作るのか。様々な実践例から最適な方法を提示したい。手入れを頻繁にしなくとも崩壊しないスギ林に作り変える方法である。6章では、目標林型を「スギの天然林」にするのはなぜか、をまず考えてみたい。7章では、尚武沢の間伐強度試験地の約20年間の観察から、天然更新による混交林化を容易にする具体的なヒントを提示する。8章では人工植栽で、スギと広葉樹を混交させる方法を例示する。9章では、混交林化は、実は広葉樹の良質材生産のチャンスであることをお伝えしたい。さらに、10章ではいったん成林した混交林をさらに成熟させ、目標林型である老熟林に近づけるための間伐方法と、広葉樹の間伐材に付加価値をつける方法を検討する。最後に11章では森林管理にお金を投じる国民が正当な対価を受け取っているのかどうかを論じたい。現行の森林認証制度や森林環境税(注2)などは生態系サービスの対価を国民が支払う制度である。対価に見合う制度設計なのかを本書で明らかにした事実に照らして論じたい。

本論に入る前に、序章で、尚武沢試験地の研究デザインを紹介するとともに、これまでの成長過程や現在の林況をまずお見せしたい。新しい森づくりに向けて進むべき道が目の前に開かれていることを、本書を読んで知っていただければ幸いである。

目次

I部　蘇る生態系サービス

1章　水質の浄化――きれいな水が飲める

2章　生産力の向上――林冠に転流する大量の窒素

3章 持続する生産力――窒素は巡る

4章 洪水や渇水を防ぐ

8章　人工植栽で混交林をつくる

序章

スギの林冠に近づく広葉樹——尚武沢試験地の今

弱度間伐と強度間伐——目指す林型の違い

東北大のフィールドセンターには拡大造林時代に植えられた広大なスギ人工林がある。ほとんどは急な傾斜地だが、尚武沢地区には傾斜角が7度に満たない平坦なスギ林があった。測量すると等高線に沿って細長く広がっていたので、さっそく、そこに間伐試験地を設定することにした。そこでは0・5〜0・6haの区画をちょうど9個設定できたので、間伐強度を3段階（無間伐、弱度間伐、強度間伐）に変えて3回反復した（図序-1）。各区画の中央のより平坦な場所に方形区（0・24ha）を設定し調査を行なった。間伐方法は

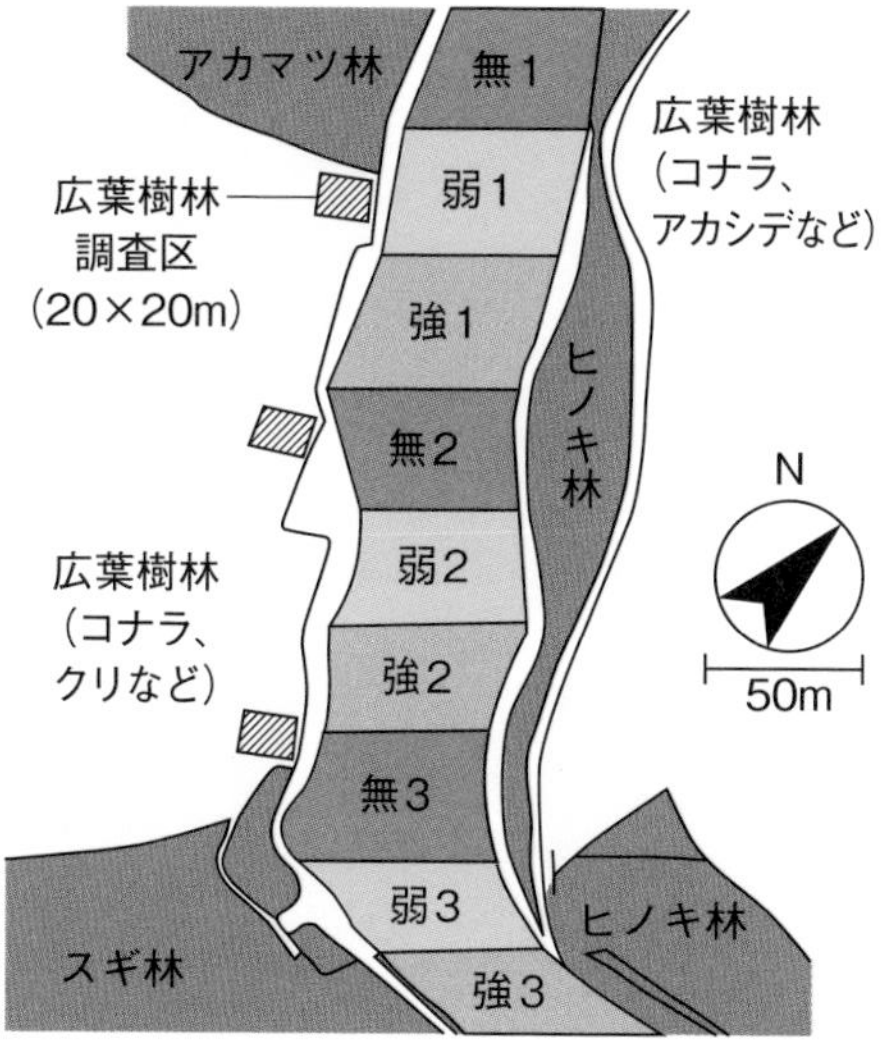

図序-1　尚武沢スギ人工林の間伐強度試験地
無間伐区（無）、弱度間伐区（弱）、強度間伐区（強）それぞれを3回（1、2、3）繰り返し反復した。それぞれの反復は0.5〜0.6haで、その中に設定した0.24haの方形プロットで調査を行なった

強度間伐区

図序-2　2003年秋に行なった初回間伐の翌春(2004年春) の林況
無間伐区では林冠は閉鎖し、枝は枯れ上がり、密立している。強度間伐ではかなり強い日差しが林床に差し込んでいる

弱度間伐区

無間伐区

全層間伐である。全層間伐は残存木の成長を最も効果的に促進することがよく知られている（コラム序1）。全層間伐では全ての太さ（直径階）で同じ割合で間伐木を選ぶので、本数間伐率と材積間伐率がほぼ同じになる。この試験地の目玉は、全本数・全材積の3分の2（67％）を抜き切りする強度間伐である（図序-2）。林冠での広葉樹との混交を目指した間伐率である。一方、弱度

間伐区では、全本数および全材積の３分の１（33％）を抜き切りした。これは日本中で一般的に行なわれている間伐率に近く、間伐を繰り返せば、林床には草本や広葉樹が絶えず茂るだろう。これら二つの間伐強度を設定したのは、広葉樹が林冠レベルで混交するのか、それとも林床で留まってしまうのかで生態系サービスがどの程度異なるのかを調べるためである。さらに間伐しないで放置する無間伐区も設定し対照区とした。

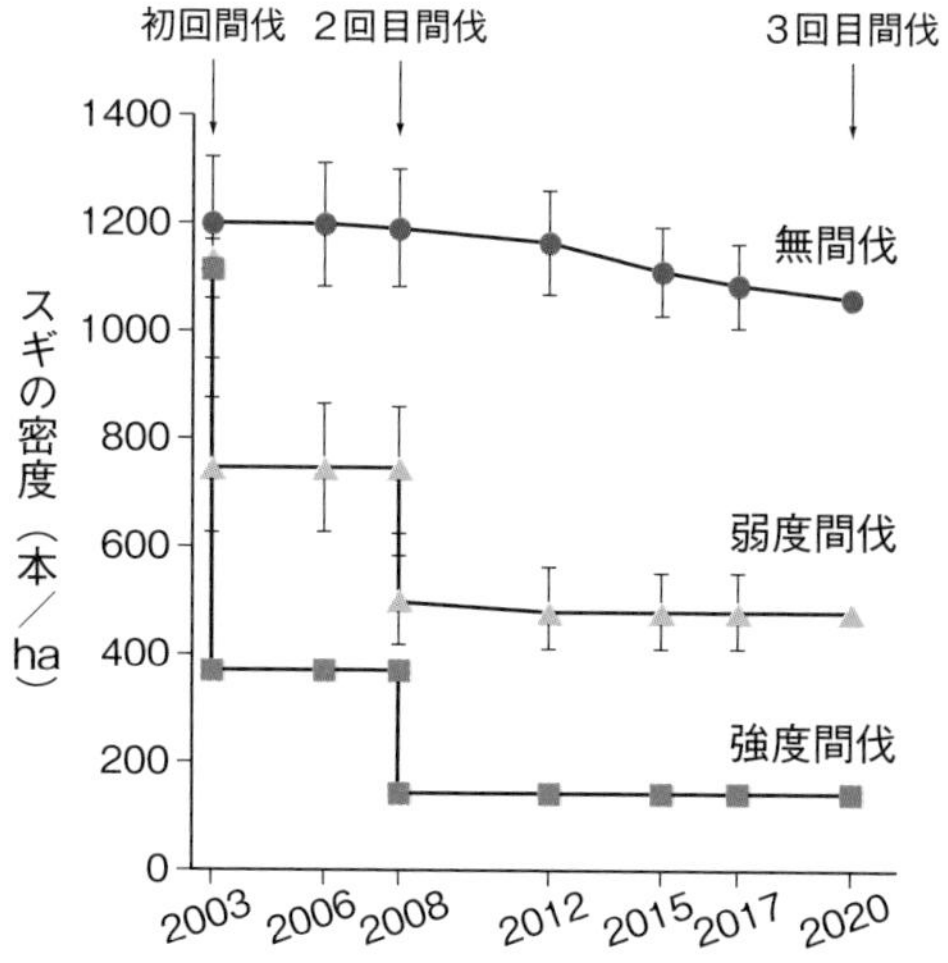

図序-3　各間伐区のスギの立木密度の経年変化

尚武沢試験地は１９８３年植栽で、初回間伐は２００３年秋、20年生時に行なった（図序-3）。さらに、２、３回目の間伐をいずれも同じ間伐率で、それぞれ、２００８年秋（25年生）、２０２０年秋（37年生）に繰り返し行なった。

コラム序1

全層間伐――形質の良い木を太らす

全層間伐ではどの直径階でも同じ割合で間伐木を選ぶ。小さい木から伐り進める〝下層間伐〟や、大きな木から伐る、いわゆるナスビ伐りと言われる〝上層間伐〟より、間伐後の樹木の直径成長は良好である。全層間伐は選木する際、通直で欠点の少ない優良木を残すことを最優先とし、それらと競合する木は大径木でも伐採する。逆に小径木でも通直で樹勢の良いもの

（注3）収量―密度図とは間伐後の収穫予測をする図である。林分の本数・材積以外に各直径階ごとの本数・材積も予測することができる。間伐の方法は、各直径階から同じ比率で間伐木を選定する、全層間伐を前提とする。

は、周囲の形質不良な大径の木を伐ってでもあえて残す。このような選木を行なうと結果的に全層間伐となる。この全層間伐は定量間伐と言われているが、良質材を生産するという意味では定性間伐でもある。直径成長や形質の改善における全層間伐の有効性は多くの実証例がある。特に菊沢喜八郎さんが開発した収量―密度図(注3)は全層間伐を前提としており、スギやトドマツ、カラマツ、アカエゾマツなどの同種同齢人工林だけでなく、ミズナラやブナ、シラカンバ、ダケカンバ、アサダなどのいっせいに更新した広葉樹二次林でも全層間伐の有効性を証明している。

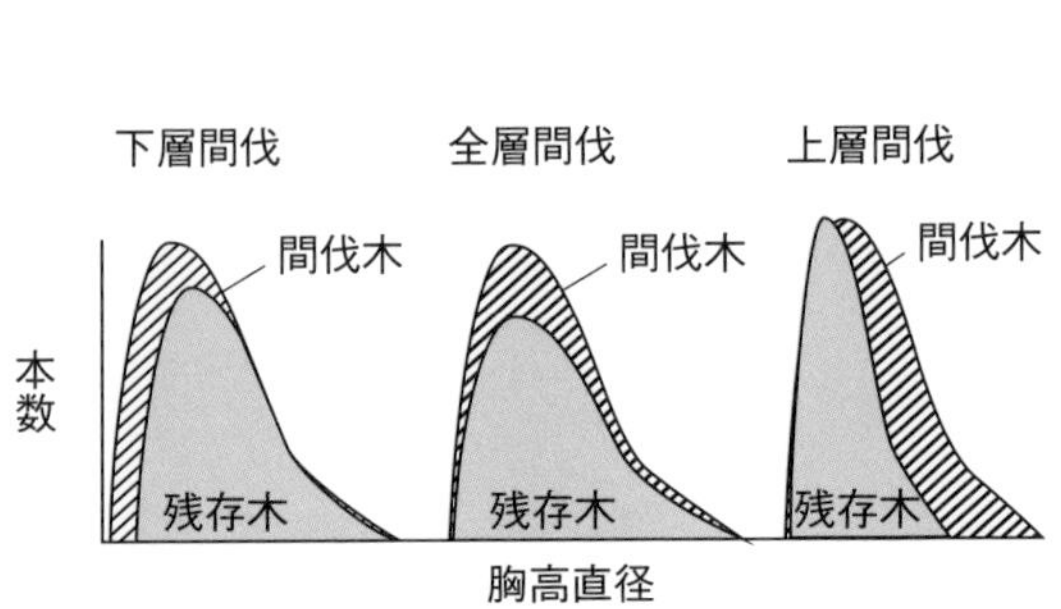

図コラム序-1　間伐方法によって異なる間伐木の直径分布
尚武沢試験地ではすべて全層間伐を行なった

❖広葉樹が林冠に近づく強度間伐区と下層に留まる弱度間伐区

尚武沢試験地ではスギも広葉樹も予想通りの成長を示している。弱度間伐区では広葉樹はスギの林冠のかなり下に留まっている（図序-4）。間伐直後はよく成長するがすぐに頭打ちになり、スギの樹冠のかなり下で停滞している。間伐後5年もするとスギの林冠が閉鎖するからである。

一方、強度間伐区ではスギが疎《まば》らで林冠は閉鎖することはない。絶えず上が開放されて、明るいので広葉樹はどんどん大きくなっていく。２０１７年、14年生の広葉樹の最大樹高は17ｍだ。34年生のスギの24ｍにはまだ届かないもののスギの林冠に近づきつつある。平均直径の推移を見ても、強度間伐区の方がスギも広葉樹も早く大きくなっている（図序-5）。最大直径も同じで、広

強度間伐区

弱度間伐区

無間伐区

図序-4　2018年の林相

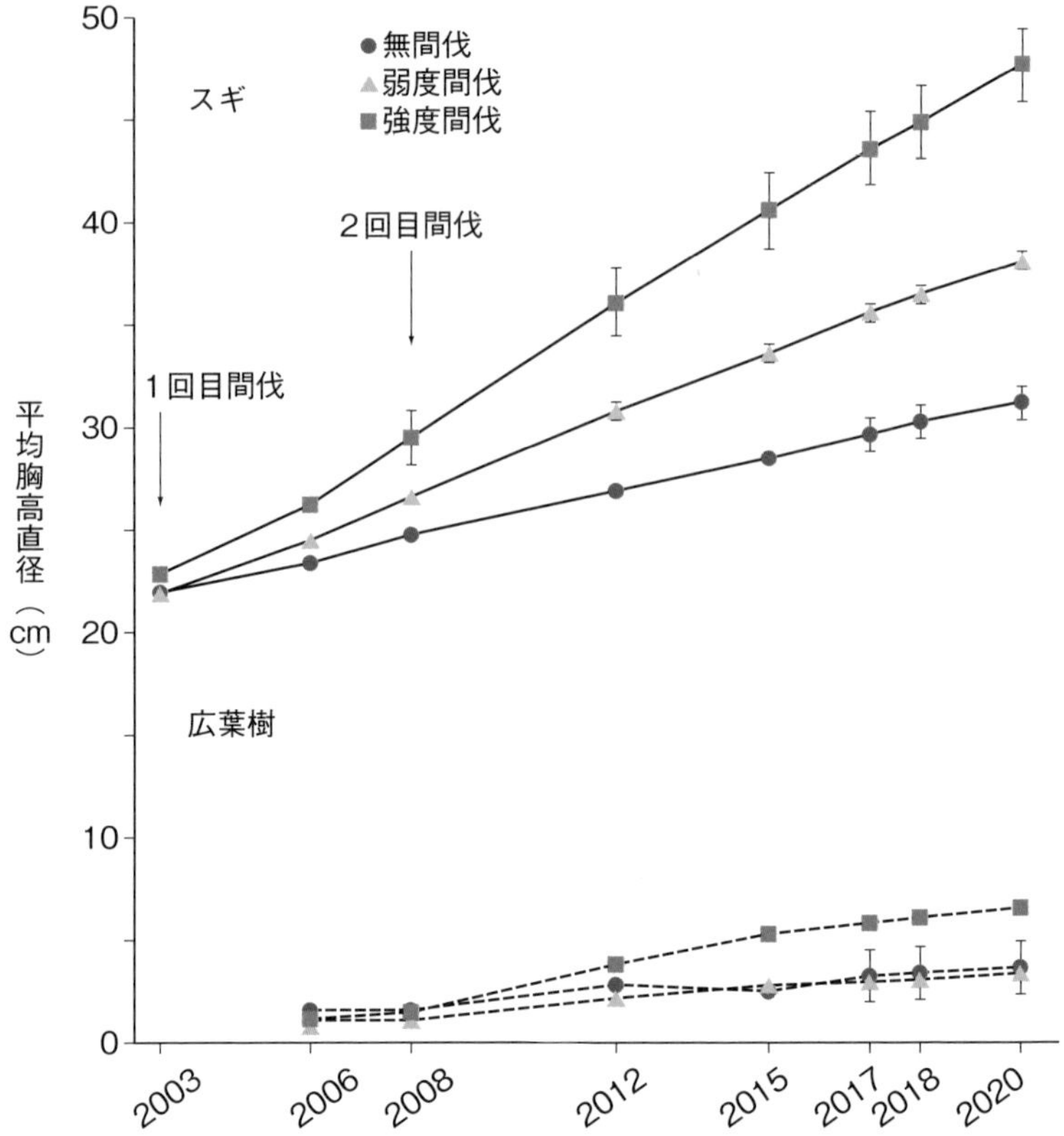

図序-5　スギと広葉樹の胸高直径の経年変化（Negishi *et al*. 2020, Masuda *et al*. 2022a）

葉樹は無間伐区・弱度間伐区・強度間伐区の順で大きくなり、それぞれ7・10・17cmであった。スギも同様でそれぞれ45・50・57cmであった。

強度間伐区の中に入ると、太さではまだスギに及ばないが、上を見上げると、広葉樹がスギに近づき、もう混交林化したかのように錯覚してしまうほどである。

強度間伐区でも広葉樹の材積はまだ、スギの10分の1

強度間伐区ではスギの林分材積（森林の面積当たりの幹の材積の合計）は最も少なかった（図序-6）。1回の間伐で林分材積の3分の2を取り除き、それを繰り返したので仕方がない。逆に、広葉樹の林分材積は強度間伐区で急激に増え最

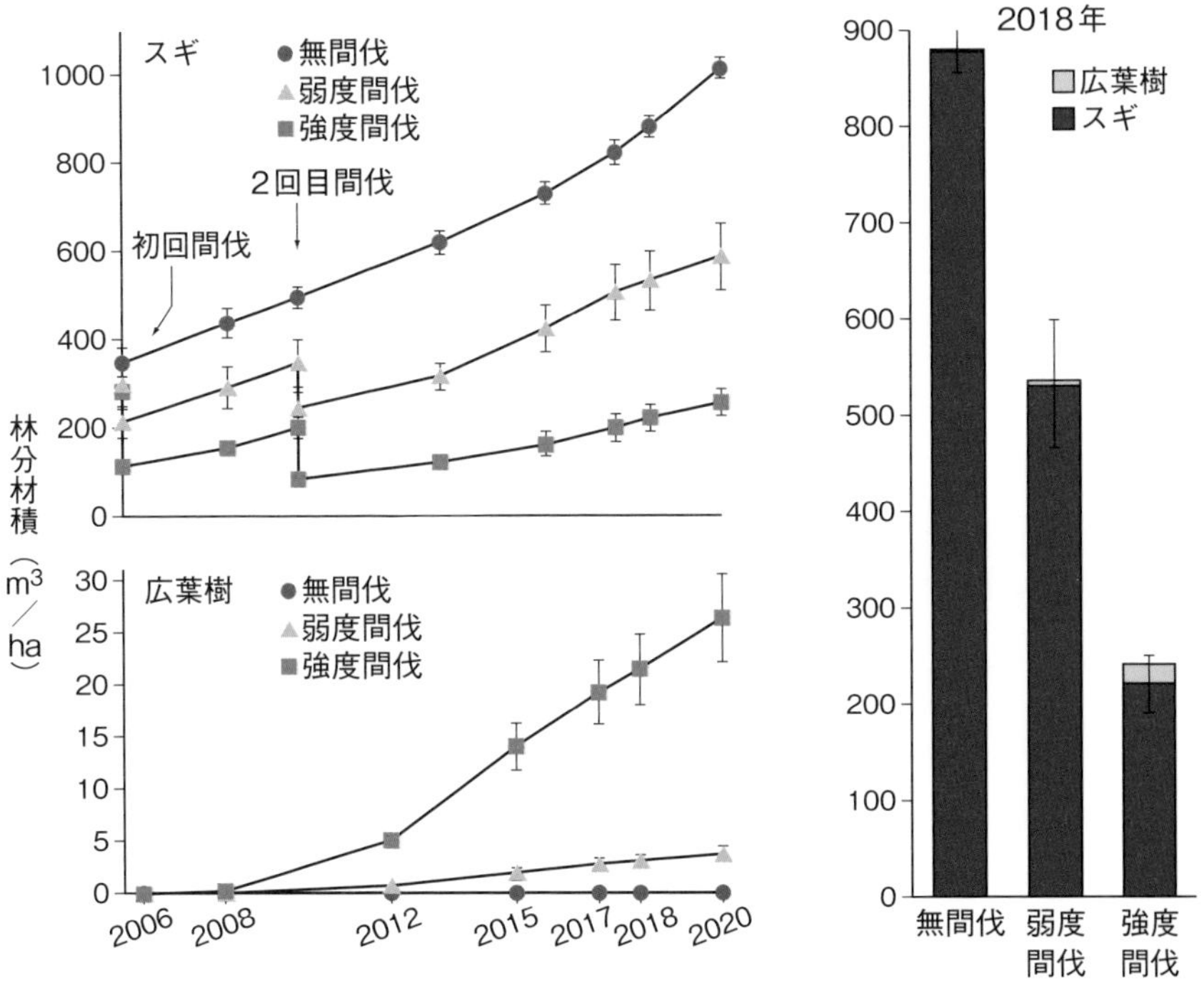

図序‐6　初回間伐後14年間（2003～2020）の林分材積の変化（左）と2018年の林分材積の内訳（右）（Negishi *et al*. 2020, Masuda *et al*. 2022a）

大となった。とはいえ、広葉樹の林分材積はまだ、スギの10分の1に過ぎない（図序‐6）。強度間伐区でも広葉樹の最大直径はスギに比べると3分の1弱に過ぎず、樹高も3分の2程度しかないからだ。模式図を見ても、スギに比べると広葉樹のサイズは随分と小さく、林冠での混交林はまだ遠い状況だ（図序‐7）。

しかし、本試験地で明らかになったのは、この程度のわずかな広葉樹の混交でも、水質浄化機能などの生態系サービスは驚くほど回復しているということだ。生態系としての機能の高さは弱度間伐をはるかに凌駕している。そのメカニズムは次章以降で詳しく説明したい。

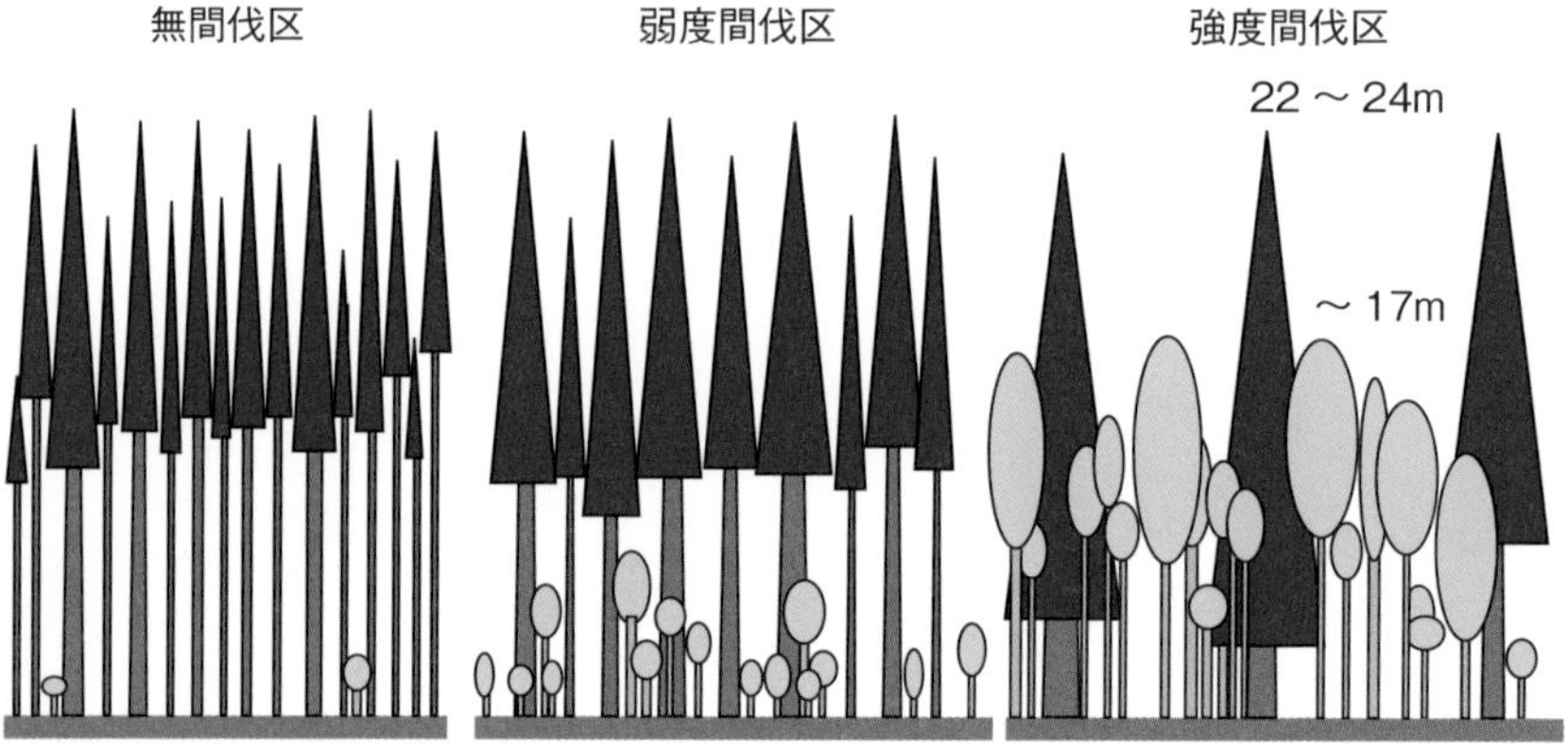

図序-7　2018年におけるスギと広葉樹の混交の様子

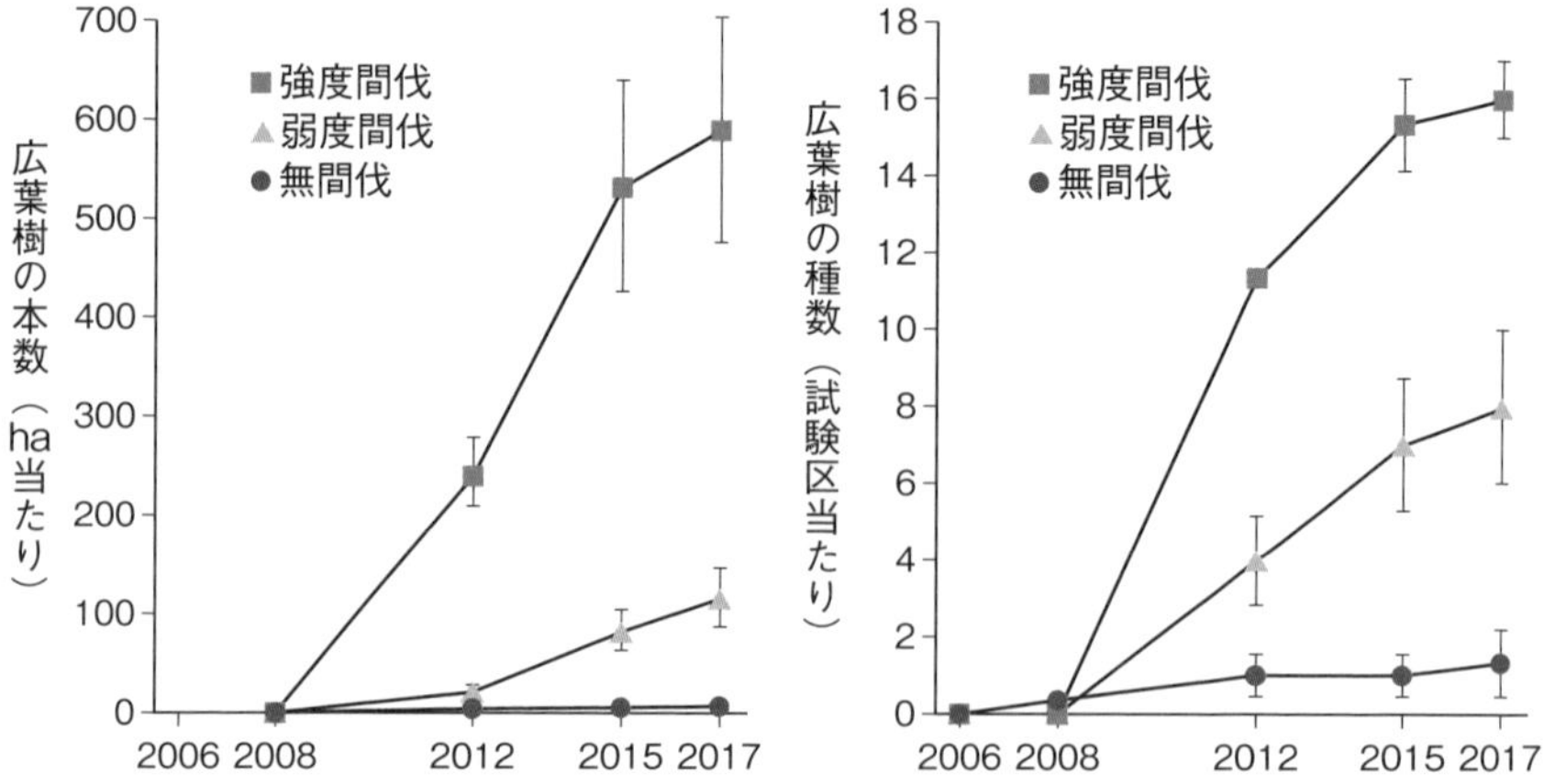

図序-8　広葉樹の本数と種数（胸高直径5cm以上）（Seiwa *et al.* 2021）

多様な広葉樹が混交する強度間伐区――高い種多様性

広葉樹の種多様性は生態系サービスに大きく影響するので大事な指標だ。胸高直径5㎝以上の広葉樹の本数や種数（種多様性）を比べると、強度間伐区で最も多くなった（図序-8）。多くの樹種が混交する林分を目指すなら、強度に間伐するのがよいだろう。一方、弱度間伐区は種数は強度区の半分程度で、個体数はかなり少ない。しかし、樹高1・5m以上の小さい広葉樹個体まで含めると、個体数は強度間伐区よりやや少ないが種数はほぼ同じになった。つまり、下層植生レベルでの種多様性は強度間伐に引けは取らないことを示している。しかし、下層植生レベルでの種多様性にはほとんど意味がない。多様な樹種がただ存在すればよいのではなく、〝サイズの大きな広葉樹の多様性〟が生態系の機能を高めているのである。なぜ、林冠レベルでの広葉樹の混交が重要なのか、そのメカニズムを紐解いていきたい。

I部

蘇る生態系サービス

強度間伐区では広葉樹の成長が旺盛で混交林化が進んでいる。
そこでは、大事な栄養分である窒素が驚くほどすばやく、
そして無駄なく森の中を巡り始めていた。
まるできれいな血液が回り始めると人も健康になるように、
森もまた生き生きとし出したのである。
スギ人工林が自然度の高い生態系に回復していくにつれ、
本来の力を取り戻していく姿が日々観察できるようになったのである。
I部では、その回復過程をつまびらかに見ていきたい。

1章 水質の浄化——きれいな水が飲める

強度間伐区では土壌中に硝酸態窒素が残らない——大量に残る弱度・無間伐区

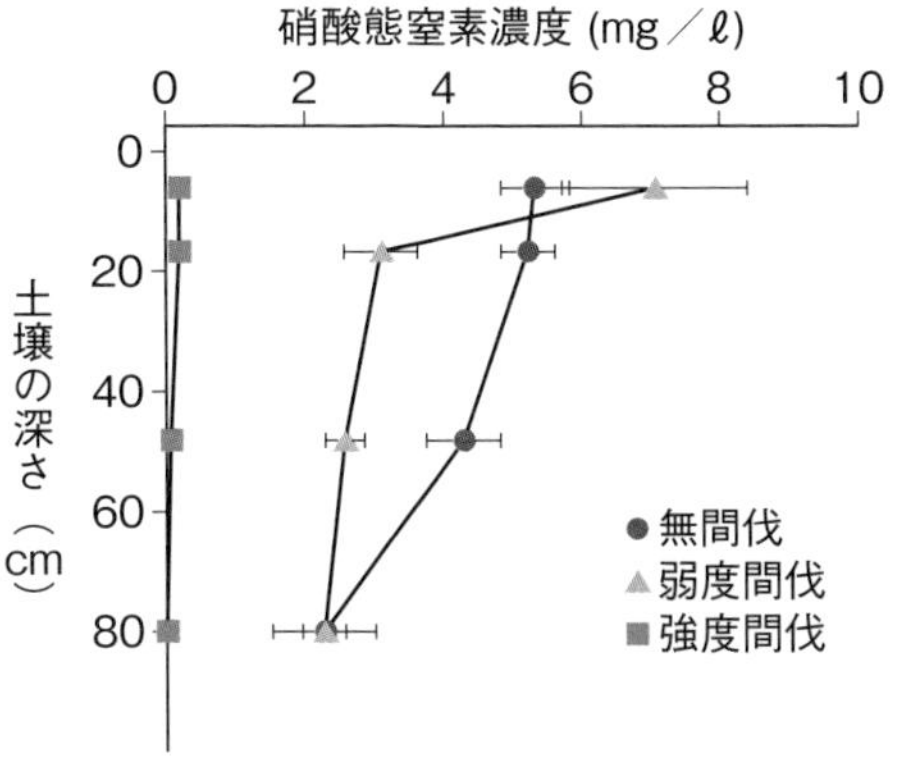

図1–1　土壌深さ別の硝酸態窒素濃度（Morikawa *et al.* 2022）
2018年の平均値を示した

二度目の間伐をしてしばらくすると広葉樹もかなり大きくなった。とくに、強度間伐区の広葉樹はまだ細いが見上げるほど高くなった。弱度間伐区でも目線の高さを超えている。しかし、地下を覗くと、もっと大きな、そして驚くべき変化が起きていたのである。地下に興味を持ち始めたのは国立環境研究所の林誠二さんたちが尚武沢にやってきてからである。もう10年以上前のことである。土壌中の水を抜き取り、中の栄養塩を調べ始めた（コラム1–1）。林さんは植物が利用できる土壌水中の無機態窒素を調べていたが、不思議なことを言い出したのである。〝強度間伐区では深さ1mまでの土壌水中には硝酸態の窒素はほとんど残っていない。しかし、無間伐区と弱度間伐区では大量に残っている〟と言うのである。林さんが調べてから約10年後、東北大の大学院生の森川夢奈さんが調べてみるとこの不思議な傾向は変わらずに続いていた（図1–1）。本章では、なぜこのような不思議な現象が見られるのか、一つひとつ紐解いていきたい。その

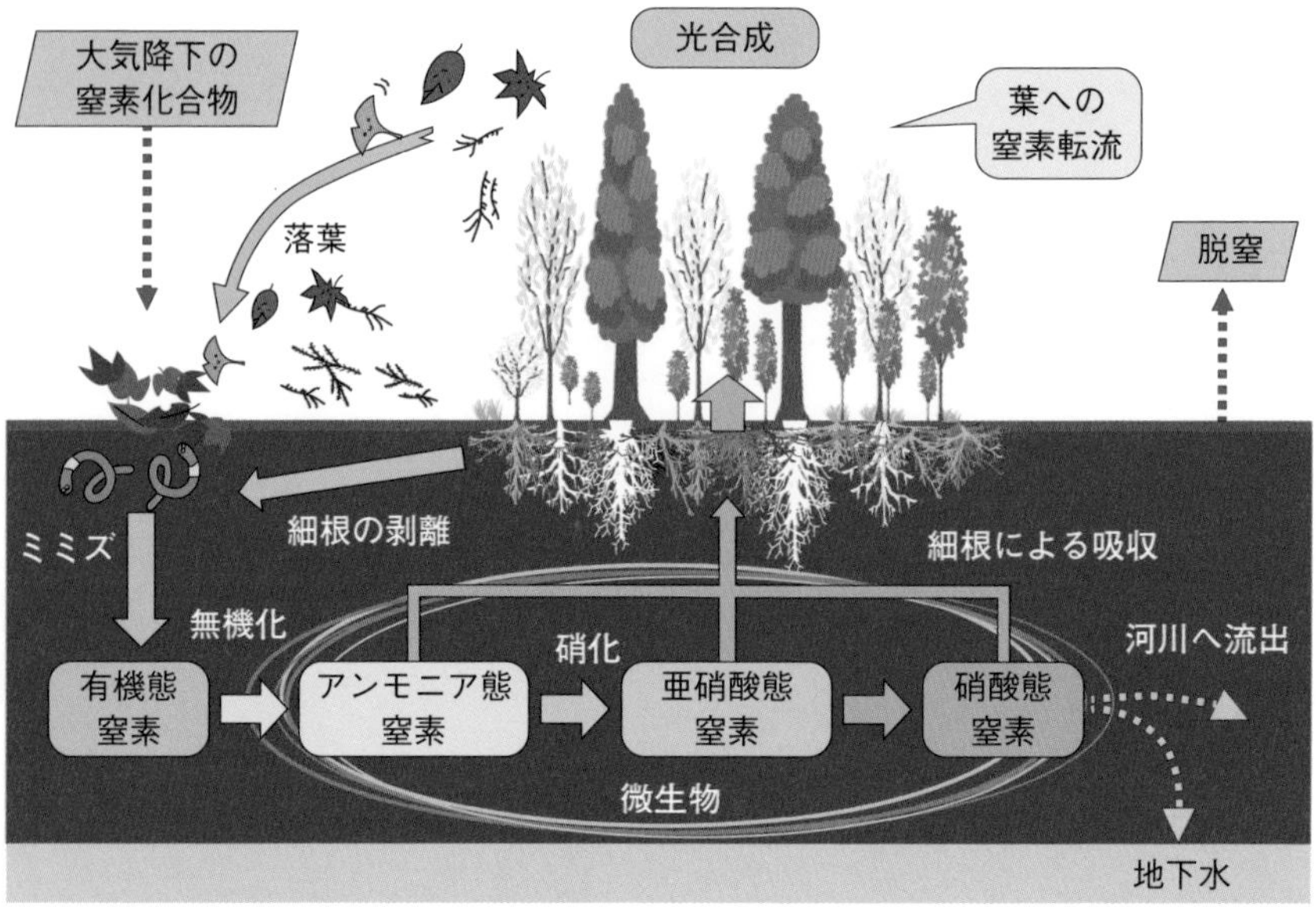

図1-2　窒素循環と光合成生産と水質浄化の関係

前に、土壌中の窒素の流れを簡単におさらいしてみよう。

森林における土壌中への窒素供給は、まず落ち葉や細根の枯死・剥離などから始まる（図1-2）。これらは有機物なので、そのままでは植物は吸収できない。ミミズなどの土壌動物が粉々にして土壌中に鋤き込み、さらに微生物などが分解し、無機物にしてもらってから植物は吸収する。まず、土の中の微生物たちは有機態窒素をアンモニア態窒素に〝無機化〟する。さらに亜硝酸態窒素に、最終的には硝酸態窒素に〝硝化〟していく。植物はこれらアンモニア態窒素や硝酸態窒素など無機態窒素を吸収し、葉緑体を作り光合成を行なう。窒素濃度が高いほど葉の光合成能力も高くなるので、植物にとって無機態窒素は、光合成をして体を大きくするためには欠かせない大事な栄養素なのである。だから、混み合った植物群集ではいつも他の植物と無機態窒素の取り合いになっている。しかし、無間伐区も弱度間伐区も強度間伐区より混み合っているのになぜ、硝酸態窒素が土壌中に大量に残っているのだろう。われわれは、一つひとつ可能性を考えて、検証してみることにした。

まず、硝酸態窒素以外の無機態窒素であるアンモニア態窒素と亜硝酸窒素の濃度を調べてみた。その結果は、どの深さでも少しも残ってはいなかったのである。土壌水1ℓ当たり0・001mg以下という微量しか検出できなかったのである。この傾向は間伐強度に関わらず無間伐区、弱度間伐区、強度間伐区いずれにおいても見られた。それも10年間ずっと同じであった。たぶん、これらアンモニア態や亜硝酸の無機態窒素はどの間伐区でもスギや広葉樹、草本など植物たちによってすぐに吸収されていたのだろう。やはり、問題は同じ無機態窒素でも最終段階の硝酸態窒素である。強度間伐区では、地表面から10cm、20cm、50cm、80cmそして100cm、どの深さの土壌中の水を取り出しても硝酸態窒素がほとんど見られないのである（図1-1）。しかし、弱度間伐区や無間伐区では硝酸態窒素はどの深さでもかなり高い濃度で残存していた。なぜ、植物にとって大事な栄養塩である硝酸態窒素がこんなにたくさん残っているのだろう。

コラム1-1　植物が利用する土壌中の水――毛管水（土壌間隙水）

土壌中の水は3つの形態に分類される（図コラム1-1）。降雨後、土壌の粗い孔隙内に取り込まれていた水が重力により下層へ排除されるが、これを重力水という。一般に植物は重力水を利用しない。土壌粒子の表面に強く吸着されている吸着水という形態もあるがこれも利用しない。植物が主に利用するのは毛管水（土壌間隙水）である。水の凝集力による毛細管現象によって土壌の細かい孔隙内に保持され、土層に長く留まる水のことである。したがって、われわれが調べたのは、毛管水の中の無機態窒素だ。実はこれが結構、手間暇かかる仕事だった。

まず、土壌間隙中の毛管水を深さ別に採取するため、多孔質カップをつけた長さの異なる細いパイプ（テンションライシメータ）を何本も地中に差し込んだ（図コラム1−1）。集めた毛管水を実験室に持ち帰り、ろ過した後、イオンクロマトグラフィーで硝酸態窒素などの溶存イオンを測定するのである。山中での大量の水運びと室内での精密な測定を林さんや森川さんたちは毎月繰り返した。このような根気の要る作業の連続が、地下の栄養状態の変化を浮かび上がらせたのである。

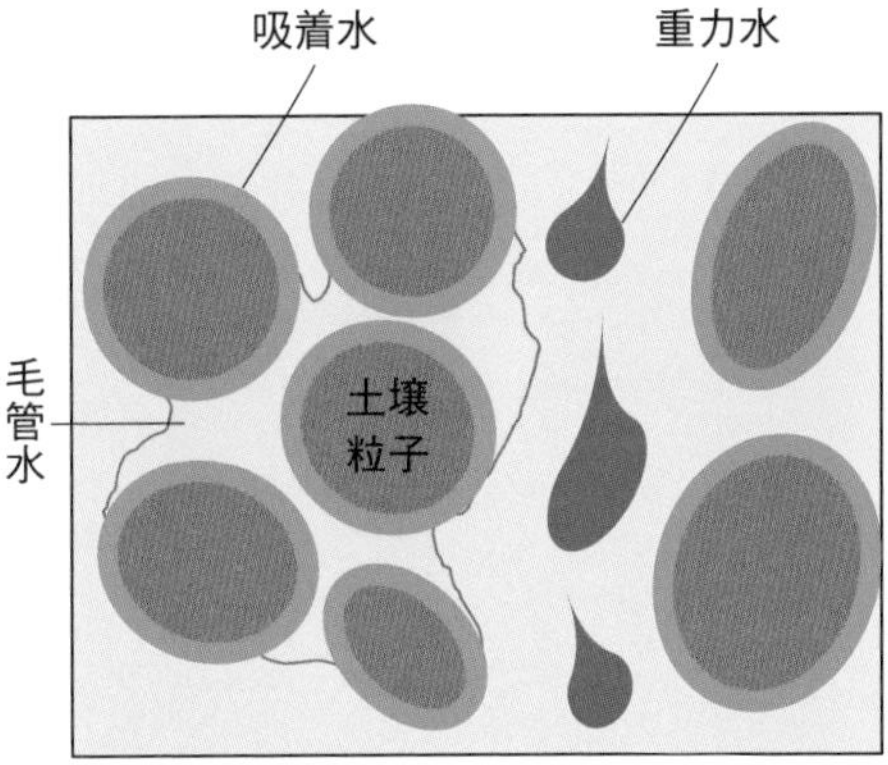

図コラム1−1　土壌間隙中の毛管水（上）とその採取（下）
毛管水を吸引採取するテンションライシメータの設置の仕方を指導する林誠二さん（写真右）。−80hPaまで減圧し、深さ10、20、50、80cmの所に18時間以上置いた後、クリーンジャーで土壌水分を採取した

張り巡らされた根系――広葉樹混交が細根を増やす

硝酸態窒素が無間伐区や弱度間伐区の土壌水中には大量に残っているのに、なぜ強度間伐区では残っていないのだろう。まず、最初に考えられるメカニズムは増加した根による吸収である。強度間伐区ではスギは大きく減ったが、多くの種類の広葉樹が勢いよく成長し始めている。下層では低木や草本、シダ類が繁茂している。たくさんの陽の光を浴びた葉が光合成を活発化させるにはたくさんの窒素が必要になるだろう。そのためには、窒素を吸い上げる〝根〟が十分に発達している必要がある。たくさんの種類の樹木や草本が見られる強度間伐区ではそれぞれ種の根が発達することで根の総量が増え、大量の窒素を吸い上げているのかもしれない。それで、アンモニア態窒素や亜硝酸態窒素だけでなく硝酸態窒素も全て吸収されているのだろう。だから、土壌水中には硝酸態窒素が含まれないのだろう。そう予測して、根を掘り出してみた。とても興味深い地下の姿が見えてきた。

2018年の暑い夏、重いハンマーを何度も振り下ろし、ハンドオーガーという細長いスコップを土中に突き刺した（図1-3）。土壌コア（土壌のサンプル）を抜き取り、その中に含まれる根を取り出すためである。直径3cm長さが1mの土壌コアを抜き取るまでは汗だくの重労働だ。力自慢の学生たちが手伝ってくれた。地表面から深さ60cmまでは10cmごとに、60～100cmまでは20cmごとに、計8つの層に分け、それぞれの深さにどんな植物の根がどれほど含まれているのかを調べたのである。林地から実験室に戻っても大変な作業が続いた。まず、水や養分を吸

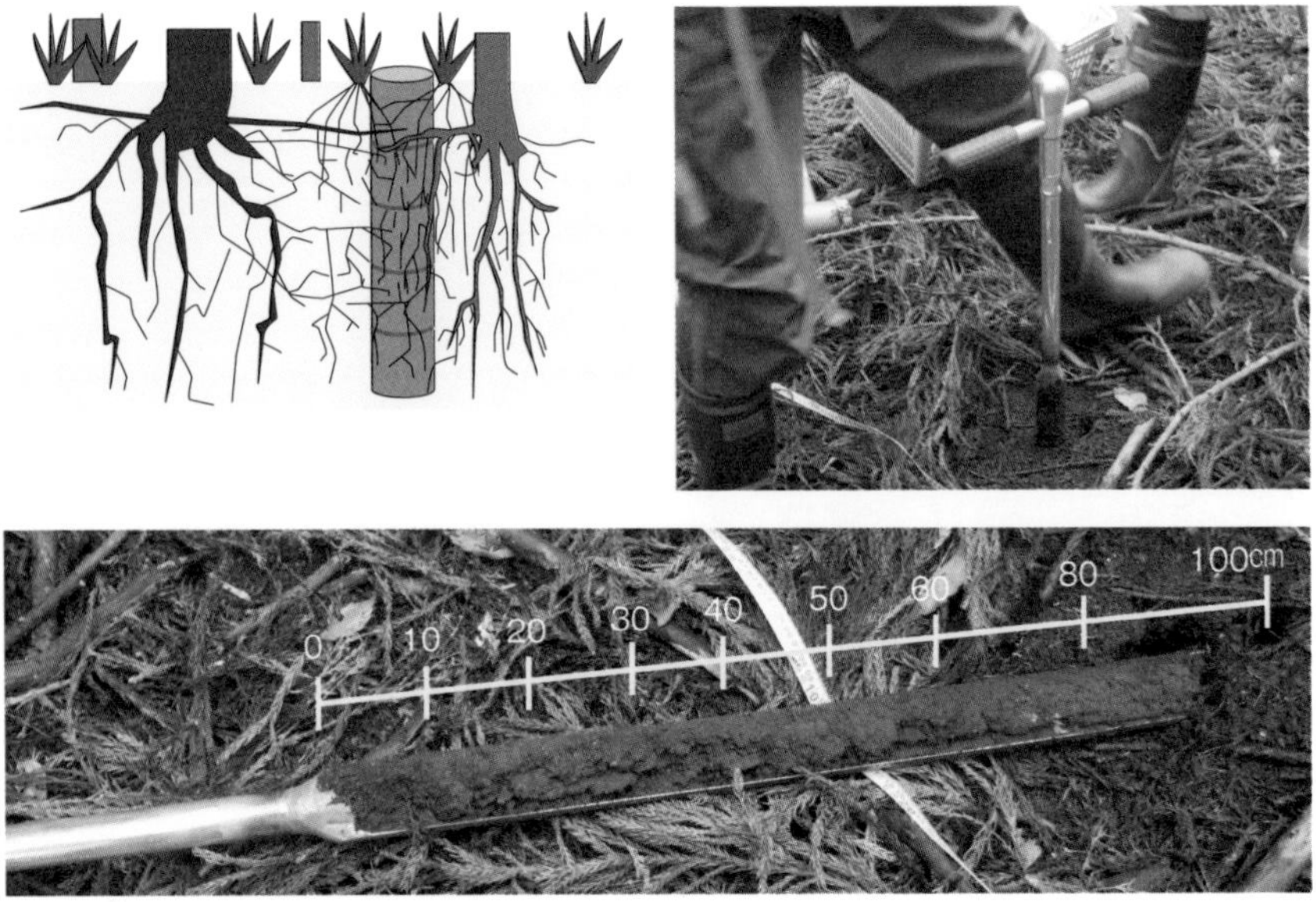

図1-3　細根の量の調査（模式図左上、根岸有紀 修士論文）
林床面から土壌深さ100cmまで、ハンドオーガーという土壌採取器具を打ち込み（右上）、直径3cmの土壌コアを引き抜き、深さ別に8つの層に分け、ビニール袋に入れて持ち帰った（下）

収する上で重要な役割を持つ直径2㎜以下の細根だけを膨大なサンプルから取り出す。そして生死を判定し、死んだ根は除外する。さらに、根が木質化しているかどうかで樹木か草本、さらにシダの一部を分ける。根の色や太さ、分岐パターン、根毛の有無などで、さらに細かく植物種を分類していくのである。これは森川さんが寒い部屋で何ヵ月もかけて試行錯誤しながら、検索方法も自ら編み出しながら行なったものである。例えば、ミズキの根は輝きのあるローズレッド、カエデ科樹木はライトオレンジ、スギの根はダークレッドで表面はくすんだ茶色、といったふうである。やはり、というべきかこの方法ではそんなに多くの植物種の判別はできない。識別には限界があった。それでも、結果が図示されると息をのんだ。

予想通りだった。やはり、強度間伐区で最も多くの細根が見られたのである（図1-4）。弱度間伐区や無間伐区のほぼ2倍の細根量が深さ50㎝までの土壌で見られたのである。その中でもとりわけ深さ

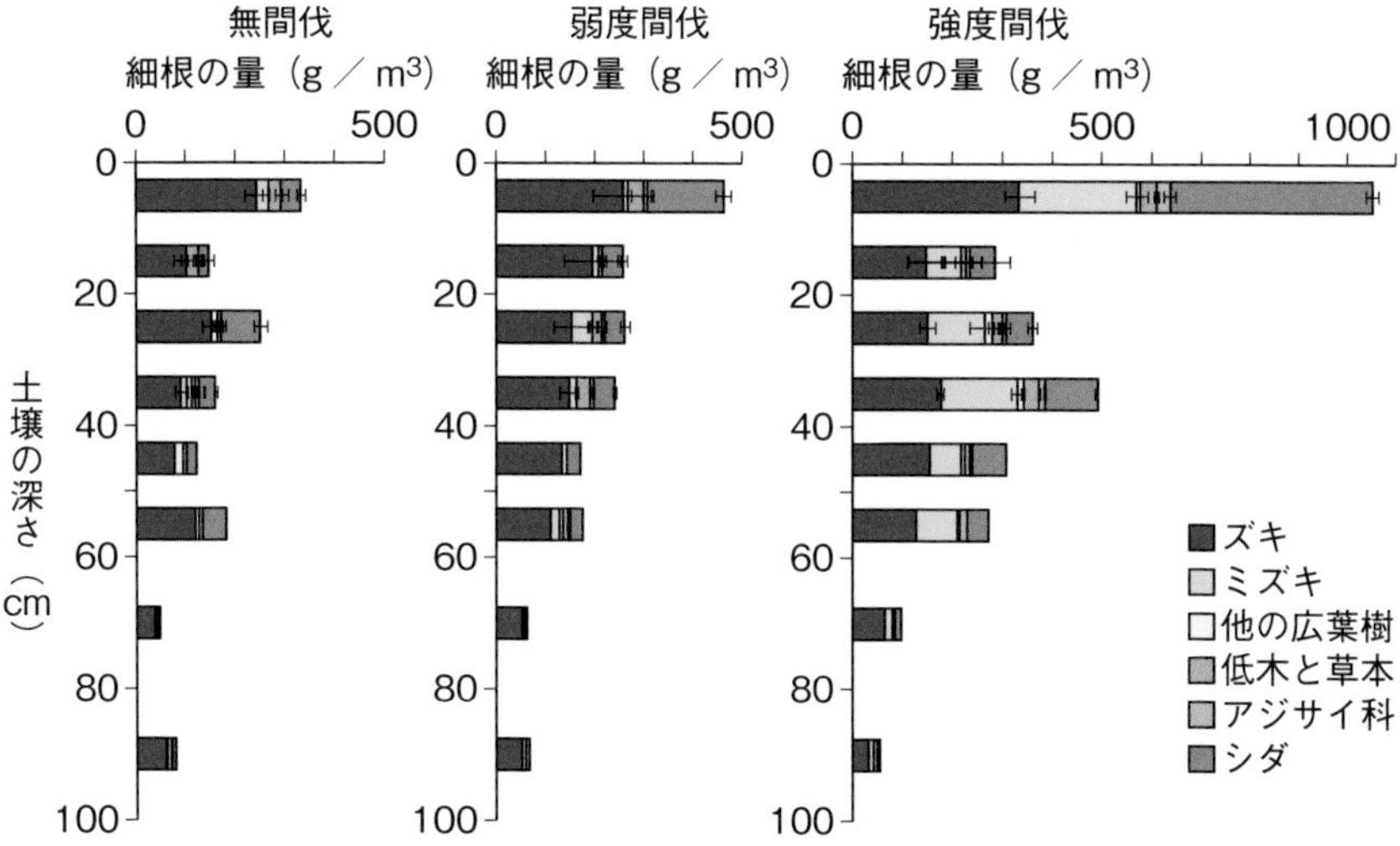

図1-4　間伐強度と土壌の深さ別の細根の量（Morikawa *et al.* 2022）

10㎝までの浅い土壌に多くの細根が集中していた。これは、ミズキなどの広葉樹や草本、シダ類が浅い所でより多くの細根を発達させていたためである。強度間伐区では、広葉樹の林分材積はスギの10分の1しかないが、根の量はスギとほぼ同じまで増えていた。細根量増加にはミズキなどの広葉樹の混交が最も貢献していたのである。ついで、増えたのは草本やシダの細根量だ。地上では些細に見えるが地下での貢献度は侮ることはできない。興味深いのは、スギもまた他の植物と同じように表層で多くの細根を発達させていたのである。強度間伐区のスギの林分材積は無間伐の3分の1以下、弱度間伐区の半分以下で、地上部の幹の量の回復はまだ途上段階だ。しかし、地下部の細根量は無間伐区や弱度間伐区とほぼ同じかそれ以上まで回復していたのである。つまり、広葉樹も低木も、草本もシダも、そしてスギまでほとんどの種が強度間伐区で細根の量を大きく増やしている。それも浅い0〜50㎝の土層でより多くの細根を発達させていたのである。

細根の発達が土壌中の硝酸態窒素を減らす

〝土壌水中の硝酸態窒素濃度が低くなったのは、増えた細根が

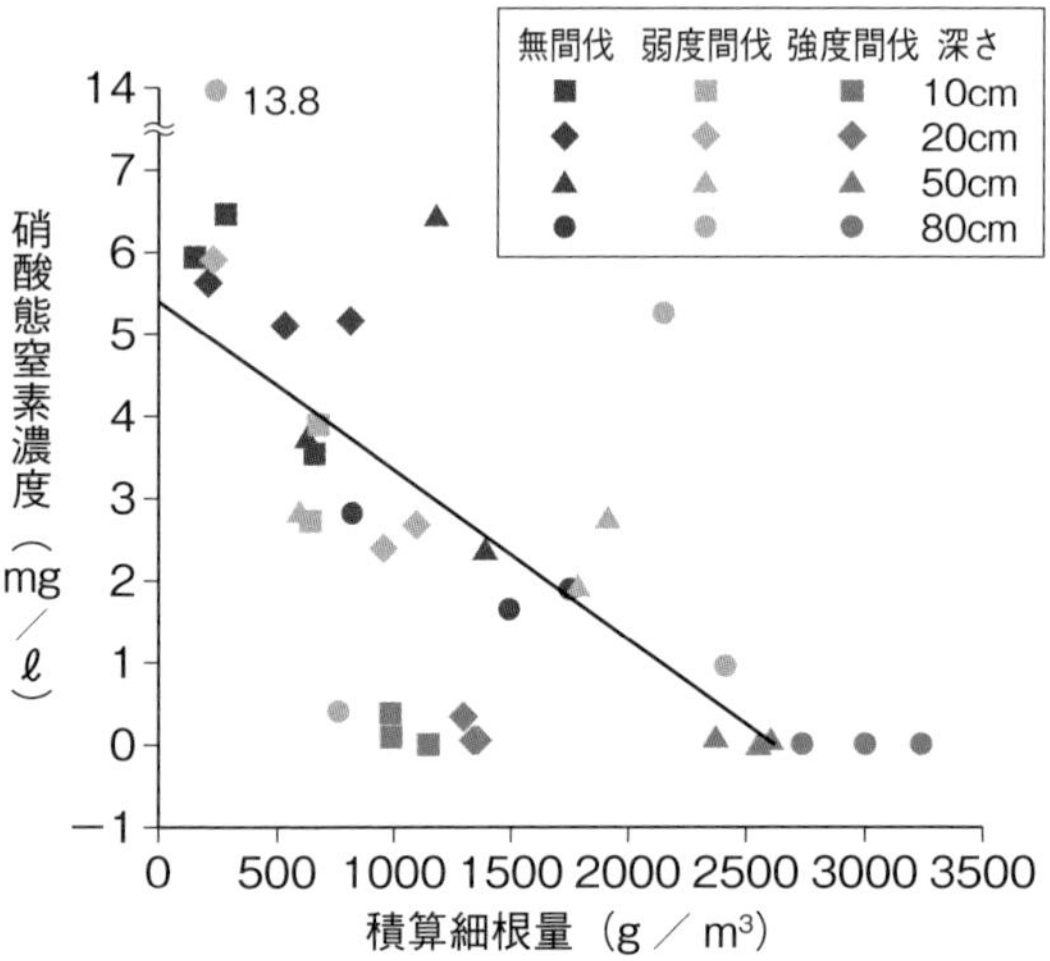

図1-5　積算細根量と硝酸態窒素濃度との関係（Morikawa *et al.* 2022）
積算細根量は、土壌表面から硝酸態窒素濃度を測定した深さまでの細根の積算量

それらを吸収したためだろう〟。もし、そうならば、硝酸態窒素は水とともに下に移動するので、ある深さでの硝酸態窒素濃度は、地表からその深さまでに含まれる細根の総量が多いほど少ないはずである。両者の関係を図に落としてみると、きわめて高い負の相関関係が現れた（図1-5）。つまり、地表面からの細根の総量が多いほど、吸収されずに下方に溶脱する硝酸態窒素の量は少なくなることが確かめられたのである。

わかりやすくするため、地表から深さ20cmまでの細根量との関係だけを取り出してみよう。全体と同じ傾向がさらにはっきりと見える（図1-6）。強度間伐区では、表層に細根の量が多いのでほとんどが表層で吸収されている。特に表層に多いミズキなどの広葉樹やシダ・草本の根が、土壌の浅い所で大部分の硝酸態窒素を吸収してしまったのだ。したがって、下の方に溶脱していく硝酸態窒素量が少なくなったのである。一方、無間伐区や弱度間伐区ではスギの細根がほとんどで広葉樹の細根が少なく総量も少ない。したがって、硝酸態窒素は吸収されず下の方にどんどん溶脱してしまう（図1-6）。下の方でも根の量が少ないので、さらに下へ流れ去ってしまうのである（図1-5）。

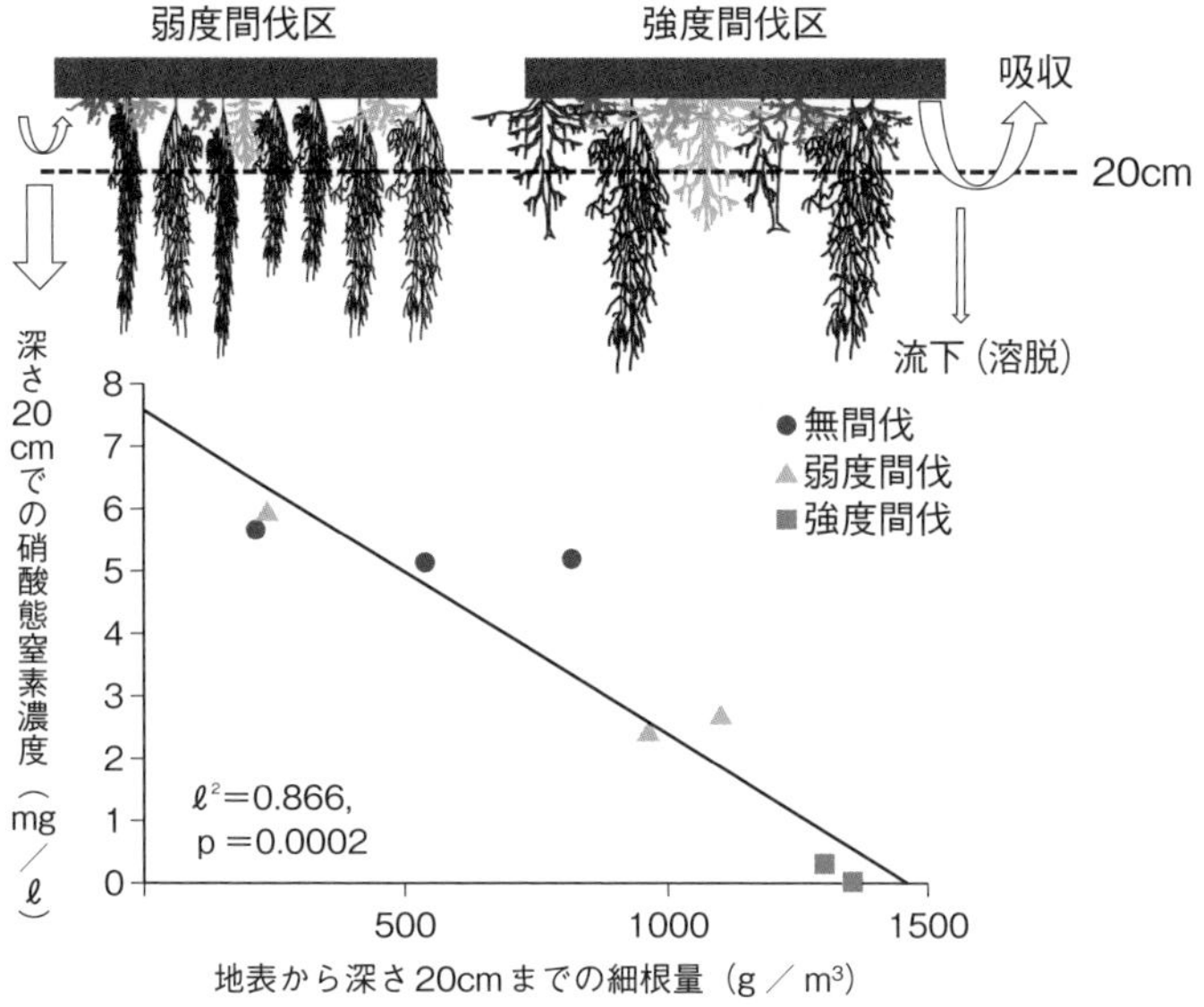

図1-6　地表から深さ20cmにおける土壌水中の硝酸態窒素濃度（NO_3-N）と地表面から深さ20cmまでの細根量との関係（n＝9）（Morikawa *et al.* 2022）

ここで特筆すべきは、下層に広葉樹や草本が見られる弱度間伐区でも、植生がほとんどない無間伐区とほぼ同じで、硝酸態窒素がほとんど吸収されなかった、ということだ。弱度間伐区では下層植生もびっしり被覆されていて一見、手入れされたスギ林に見えるが、細根はあまり発達していなかったためである。なぜ、見た目より根が発達しないのだろう。弱度の間伐を行なっても間伐直後は明るいが林冠はすぐに閉鎖し暗くなる。光が不足すると樹木は少しでも多くの光を獲得しようと葉を大きく広げる。一方、土壌養分や水分は光ほど制限されていないため根への配分は下げても葉を増やそうとする。つまり弱度間伐区の広葉樹は葉への配分を上げ、根への配分は相対的に減らしてしまったのである。この事実は、たとえ弱度の間伐をして広葉樹が下層に見られたとしても根系の発達は望めないことを意味する。弱度間伐区では弱い光をなるべく多く受け取ろうとして広葉樹は樹冠を平べったくしているので、一見すると、下層植生が発達しているように見えてしまう。しかし、林冠の下では光合成はあまり盛んには行なわれてはいないし、根系も貧弱だ。したがって、硝酸態窒素の吸収はあまり期待できないのである。この事実は、一般的に行なわれる弱度の間伐では、たとえ下層植生が発達しているように見えても硝酸態窒素は少ししか吸収されることなく溶脱し、下方へ流れ去っていくことを示しているのである。これは重要な〝事実〟なのである。

なぜ、強度間伐区で細根量が増えたのか――種多様性の効果

強度間伐区では、表層ほど細根の量が多かったが、この傾向はどの植物種でも同じであった。これは、われわれの予測とは異なるものだった。われわれは根の空間的な〝ニッチ分化〟を期待していた（コラム1-2）。つまり、種ごとに根系の深さを少しずつ変えることで種間の競争を避け、その結果、細根の総量が増えるのだろう、と考えたのである。つまり、根を深さごとに棲み分けることで、地下の階層ごとに異なる養分をまんべんなく吸収し、無機態窒素を吸収し尽くしたのではないか、と予測したのである。具体的にはスギは地表から深いところまでまんべんなく根を張るタイプだが、ミズキは浅い所に根を張ることが知られている。シダや草本など小さな植物はもっと浅い所にしか根を張らないだろう。つまりスギと広葉樹、そして草本などは地下で棲み分けしているだろうと予測したのである。しかし、ニッチ分化を表すいろいろな指数を計算したものの、垂直方向の棲み分けは起きていないことがわかったのである。地下部全体の根の量が

増えたのは、植物種ごとの空間的なニッチ分化によるものではなかったのだ。

では、なぜ、どの植物も浅い所で根を多く出すのだろうか。たぶん、地表面に近い土壌ほど、養分や水分が多く含まれているので、そこに根を張れば効率よく養分や水分を吸収できるからだろう。それに酸素も地表面に近いほど濃度が高く根が呼吸しやすいからだと考えられる。そして、地表に近い浅い所に根を出すことは植物の大きさに関係がないからでもある。つまり、樹高20mのスギでも15mのミズキでも、高さ50cmしかない草本でも皆同じように浅い所にはアクセスが可能なので、多くの植物種が養分豊富な浅い土壌に根を集中させたのだろう。

もう一つ大きな疑問が残る。なぜ、地上部の総材積が一番少ない強度間伐区で、ここまで急激に根を発達させることができたのか、ということだ。強度間伐区におけるスギと広葉樹を足した地上部全体の材積は、無間伐区の3割以下、弱度間伐の半分以下だ（図序-6）。それなのに、地下部の全細根量は無間伐区の2倍強、弱度間伐の2倍弱もある。つまり、間伐後の現存量の回復は材積よりも細根の方が驚くほど早いのである。これはたぶん、次のような理由による。植物は一般に、最も強く制限された資源（光、土壌養分）が吸収できるように根を増やしたり葉を増やしたりする。例えば、光が制限された森の中では根よりも葉を増やそうとする。逆に明るいギャップでは光よりも水分が制限されるので葉よりも根を広く深く伸ばすようにより多く投資するのである。尚武沢の強度間伐区では、広葉樹や低木、草本のほとんどは光は潤沢に供給されているので、どちらかというと光に比べて根の方が土壌養分や水分の制限にさらされている。したがってほとんどの植物達は葉を増やすよりは、どちらかといえば根を優先的に発達させたのであろう。また、樹木は一般に若いほど根を発達させる傾向があり年齢とともに幹を増やしていくことが知られている。この試験地の広葉樹はまだきわめて若いので根をまず大きくすることに専心したのだろう。スギもまた、種内の厳しい個体間競争から解放され、根を自由に伸ばせるようになったため、個々の個体がたくさんの根を伸ばしたのだろう。その結果、地上部材積の割に地下の細根量の急激な回復が可能になったと考えられる。こうみてくると、混交林化し始めたスギ林では、まず地下部の根系を充実させることから、森本来の姿への回復を始めているようだ。それによって、多くの無機態窒素を無駄なく吸収できているのである。

コラム1-2　ニッチ分化による土壌養分や光の有効利用――資源分割

多様な種が共存する森林ほど単純な林より生産力が高いことは近年多く報告されるようになった。この尚武沢試験地でも同様のことが見られ始めているがそれは次の章で詳しく述べる。ここでは、なぜ種の多様性が高いほど生産力が押し上げられるか？　その重要な仕組みの一つにニッチ分化による〝資源分割〟がある。

森の中の木々は、太陽光や土壌中の水分・養分などの限られた資源を巡ってお互いに競争状態にある。しかし、種ごとに樹冠の高さを変えたり、根の深さを変えたりして、垂直方向で樹種の間で棲み場所を変えることがある。つまり垂直方向で〝ニッチ（棲み場所）〟を分けるのである。森林では林冠の上部で強い光を浴びることができるが林床に近づくほど光量は減少する。土壌の養分や水分も地表面から深くなるにつれて減っていく。このように垂直方向で勾配がある所では、ニッチ分化は互いの競争を緩和し、限られた資源を有効に利用することを可能にする。つまり資源を互いに分け合って利用できるようになる。もともと樹種間で資源要求量が異なるので、棲み分けることで役割分担が起きて、森林全体の資源吸収効率が上がるのである。つまり種ごとにニッチ分化（棲み場所の違い）が起きることによって、一種の場合や種数が少ない場合よりも資源を有効に分け合うことができ、全体の生産性が増すというものである。言い換えれば、種多様性の高い森林ほど多様な特性を持つ樹種の集合体なので、森林全体として多様な環境に応答できるようになり全体としての機能性が高まるのである。この効果は〝相補性効果〟と呼ばれ様々な指数で定量化されている。一方、選択効果という指数もある。これは、種多様性の高い森林では生産力への貢献度の高い種が含まれる確率が高くなり、かつその種の相対優占度が高くなることによって全体の生産力も高くなる。つまり生産力の高い樹種が優占する場合に高くなる。

これまでの草本群集での長期観察では最初は選択効果が強く働き、時間とともに相補性効果が強くなってくることが知られている。森林でも大きな撹乱地(注4)に陽樹が優占することで遷移初期段階では選択効果が働くため生産性が高くなることが予想できる。しかし、次第に遷移が進み遷移後期種も侵入し、多くの樹種が共存する成熟した生態系になると根や林冠の階層化が起き、相補性効果が強くなることによって高い生産性が実現されることは容易に想像できる。尚武沢の強度間伐区でも根の空間的相補性効果はまだ見られていないが、時間とともにしだいに強くなっていくことが予測される。

（注4）台風・地すべり・河川の氾濫などによって木々が折れたり倒れたり、根こそぎ流されたりしてできる空き地。光がよく当たり、落ち葉が除去され植物の更新が促される。

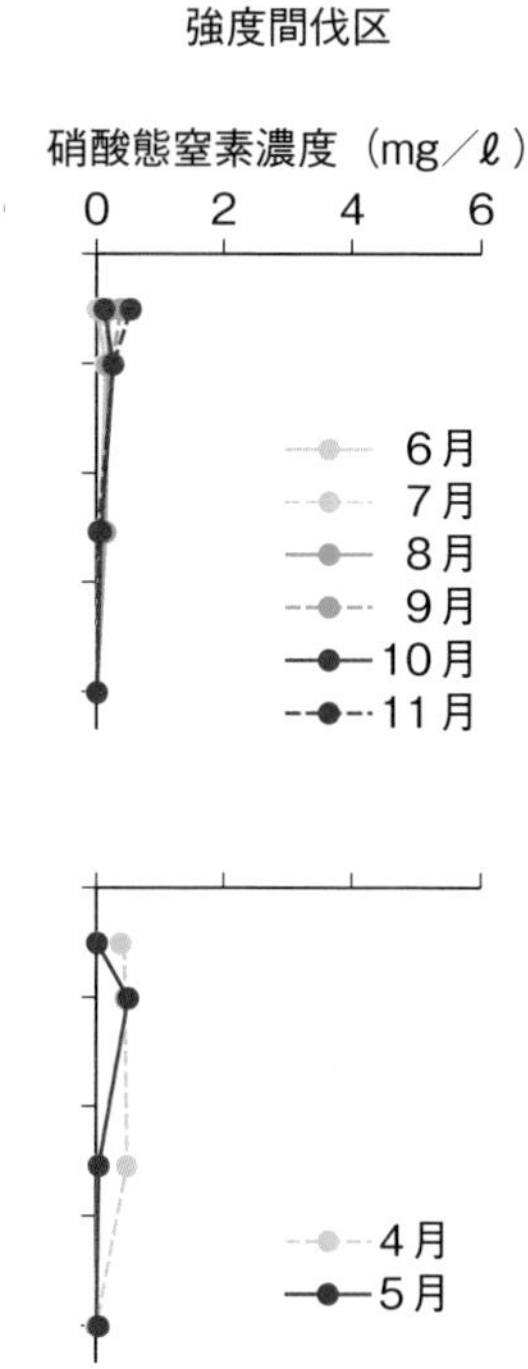

季節を通じて窒素を吸収し続ける——多種共存のフェノロジー

強度間伐区では、どの深さの土壌でも硝酸態窒素はほとんど検出できなかった（図1-1）。図1-1は一年間の平均を示したものだが、この傾向は毎月調べてみてもほとんど変わらない（図1-7）。驚異的な結果だが、よく考えてみるときわめて合理的に説明できる。たぶん、種多様性のなせる業だろう。樹種ごとに窒素吸収量には季節性があり、一つの種では吸収量が減少する時期がある。しかし、多くの種が共存する強度間伐区では、多くの樹種が互いに補い合って、季節を問わず窒素を吸収できていたのだろう。一つの葉の光合成速度はその葉が開ききった頃に葉の窒素濃度が最大になる。広葉樹は春から初夏にかけて新しい葉を展開するものが多いが、カンバ類やハンノキ類は夏まで新しい葉を展開する。稚樹・幼木は成木よりも遅くまで葉を展開し、秋まで開き続ける種も多い。草本類は春に葉を出し夏には消える種もあれば、夏から秋にかけて新しく地上に出現する種もある。つまり、多様な植物種が共存すれば、季節を問わず新しい葉を出し、絶えず窒素を吸収し続けることになる。

それだけではない。根は葉よりも極端な季節性を持つようだ。トチノキが6~7月、ミズナラ7月、エゾヤマザクラ8月、クリに至っては9~10月に根を伸ばしている（図1-8）。葉と同

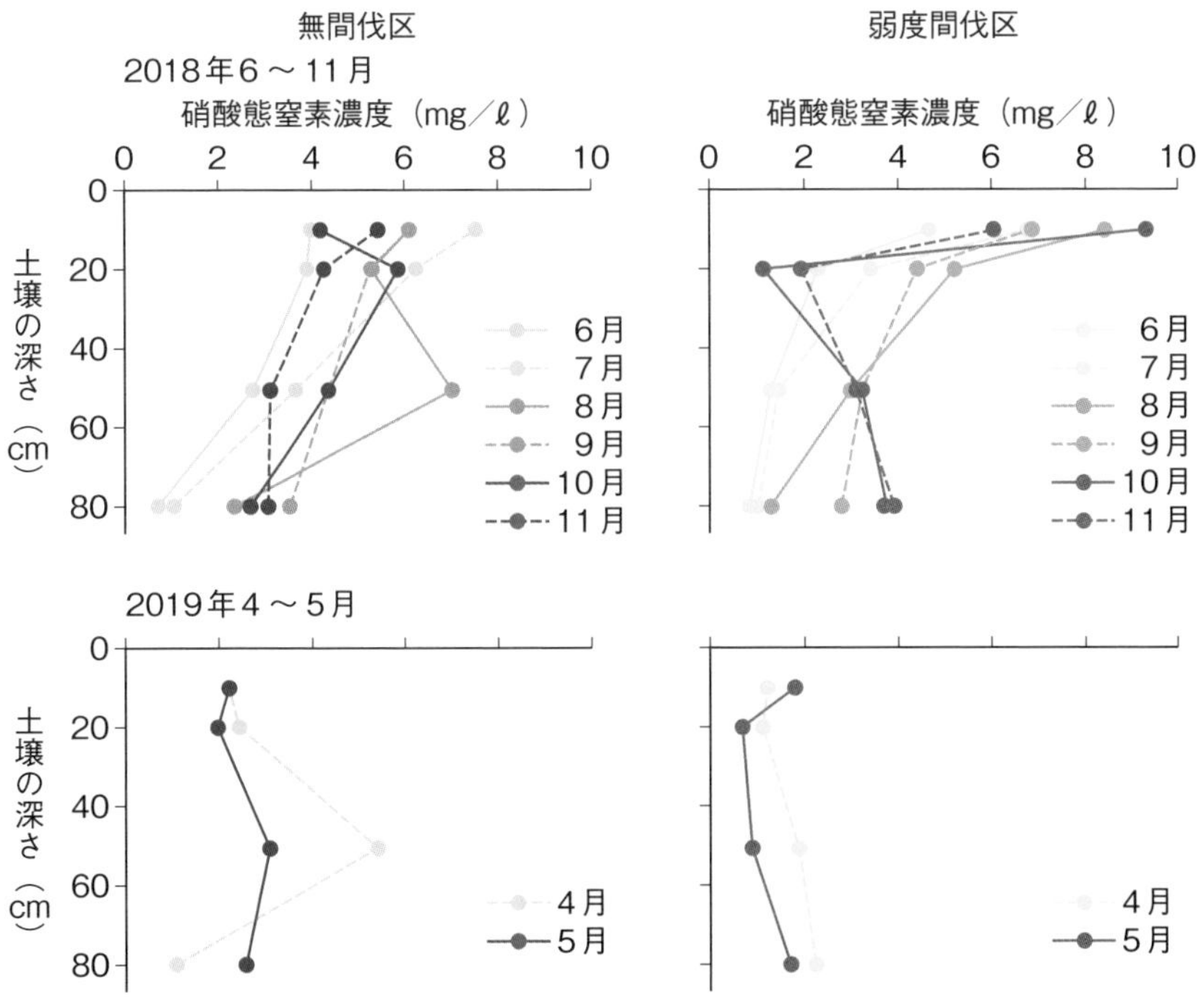

図1-7　月別に見た土壌深さ別の硝酸態窒素濃度（mg／ℓ）
（Morikawa *et al*. 2022）

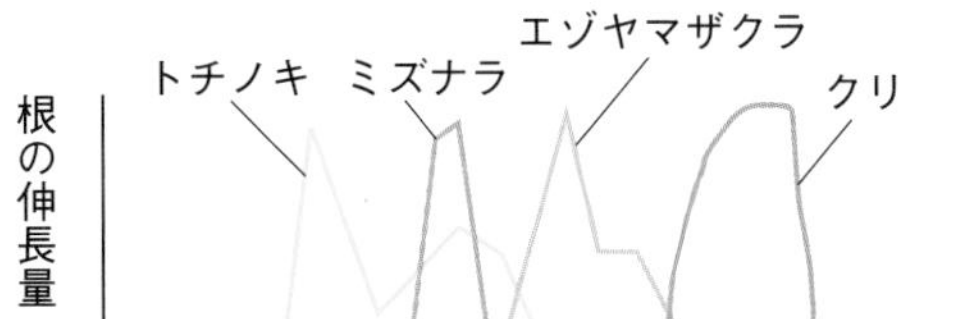

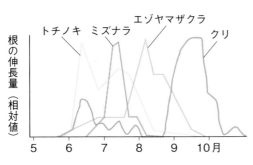

図1-8　根の伸長時期の樹種による違い
（佐藤 1987より作図）

じように若い根ほど吸収効率がよければ、多様な種が見られる林分では根の吸収能力も通年的に高く維持されるだろう。このように多様な植物種からなる生態系では、窒素を直接吸収する器官である根だけでなく吸収された窒素を利用する葉の活動時期にも少しずつ季節的に〝ずれ〟が生じることで、窒素吸収が年間を通じてまんべんなく行なわれるようになったのだろう。つまり、多種が共存する針広混交林では季節的（フェノロジカル）な相補性効果が働き、空間的にだけでなく時間的にも無駄なく、土壌の養分が使い切られていると考えてよいだろう。一つの森に多くの種が集うと、高い機能が持続することを強く示唆している。

硝酸態窒素の減少は細根量が増えたためだけなのか
——流入量・流出量・根の吸収能力に違いはないか

強度間伐区で土壌水中の硝酸態窒素が少ないのは大量の細根が吸い上げているためであることは間違いない。しかし、硝酸態窒素の減少は細根量だけで決まっているのではないかもしれない。強度間伐区で、林内への窒素の流入量が少なかったり、逆に流出量が多かったりするためかもしれない。それに強度間伐区では根の量だけでなく根の吸収能力が高くなっているせいかもしれない。これらも確かめてみる必要があるだろう。

まず、林内に流入する窒素量を調べた。降雨に含まれるアンモニア態窒素、亜酸態窒素、硝酸態窒素、それに溶存態有機窒素の濃度も無間伐区や弱度間伐区と差はなかった。6月と9月に調べたがいずれも差は小さかった。雨などによって大気から供給される窒素量、いわゆる窒素負荷に違いはなさそうだ。もう一つは落ち葉から供給される窒素量だ。これは、むしろ強度間伐区で最も多かった（3章参照）。窒素濃度の高い広葉樹の落ち葉が大量に供給され、その上、分解され無機化される速度も強度間伐区で最も速い。したがって、土壌に毎年投入される無機態の窒素量は、強度間伐区の方が弱度間伐や無間伐区よりも多いということになる。それにもかかわらず土壌を通過すると窒素濃度が低くなるのはやはり、広葉樹混交による根系の発達、つまり増加した細根による吸収によるものと考えるべきだろう。

無機態窒素の森林からの放出として、〃脱窒〃も考慮しなくてならない。脱窒とは硝酸イオンや亜硝酸イオンを分子状窒素にまで還元し大気中へ放散させる作用だ。主に土壌微生物の作用で嫌気的に行なわれる。強度間伐区で土壌中の窒素が減っていたのは、脱窒量が多いからかもしれない。林さんが安定同位体(注5)を用いて調べてみると間伐強度によって脱窒の程度に違いは見られなかったという。これらの結果は強度間伐区の土壌における硝酸態窒素の減少は、林内雨や落ち葉による無機態窒素の流入量が少ないためではなく、脱窒による流出量が多いためでもないことを示している。また、第一回目の間伐では幹は搬出したが枝葉は林内に残した。第二回目の際は間伐木全木を林内に残置したので、間伐による窒素の林外への流出は無視できるだろう。また、マメ科植物はツルマメがたまに見られる程度で空中窒素の固定の影響はないだろう。やはり、硝酸態窒素の減少は広葉樹の混交、つまり種多様性の増加による細根の〃量〃の増加によるものだと考えられる。

しかし、森川さんは用心深い。さらに別の可能性も考えていた。根による窒素の吸収効率は根の量だけでなく、根の形態によっても異なると考えたのだ。根の重さが同じでも根が長ければ、あるいは、表面積が広ければ、また同じ長さでもよく枝分かれしていれば吸収効率がよくなる。

(注5) 安定同位体分析:物質には原子番号が同じでも、質量数が異なるもの(同位体)が存在する。物質の起源などによりわずかながら異なる同位体比を安定同位体比質量分析計を用いて測定し、脱窒を評価することができる。

これらを丹念に調べたが、根の形態が吸収効率の差異に影響することは確認されなかった。

さらに、養分吸収に大きな影響力のある菌根菌の感染率も調べてみた。植物と共生する菌根菌は細根に感染し土壌中から水分や養分を植物に与える（3章、6章参照）。明るい場所に生育する実生ほど菌根菌の感染率が高いことが知られているので、強度間伐区で菌根菌の感染率が高くなり、窒素吸収効率が大きく上昇していることが予測された。しかし、丹念に顕微鏡を覗き、感染率を調べてみると逆に驚いた。菌根菌の感染率に間伐区間で差異は見られなかったのである。ここで初めて、硝酸態窒素の減少は広葉樹の混交、つまり種多様性の増加による〝細根の量の増加〟によるもの、また〝根の機能の季節的な棲み分け〟によるものであると結論できたのである。

❖硝酸態窒素を利用できる広葉樹とできないスギ——硝酸還元酵素の活性の違い

それでも、やはり不思議である。無間伐区や弱度間伐区では同じ無機態窒素のアンモニア態窒素は全然残っていないのに、土壌水中に硝酸態窒素だけが吸収されず大量に残っていたのはなぜだろう。アンモニア態窒素と硝酸態窒素の厳然たる違いはなんだろう。そこには思いがけない理由が隠されていた。それは、スギが硝酸態窒素をあまり利用できない可能性があるということだ（図1-9）。アンモニア態窒素は植物に吸収されると、酵素の働きにより、直接生体を構成するアミノ酸、タンパク質などの有機窒素化合物へ同化される。一方で、亜硝酸態窒素や硝酸態窒素は吸収されてもすぐには、植物は同化できない。硝酸還元酵素と亜硝酸還元酵素によって硝酸態

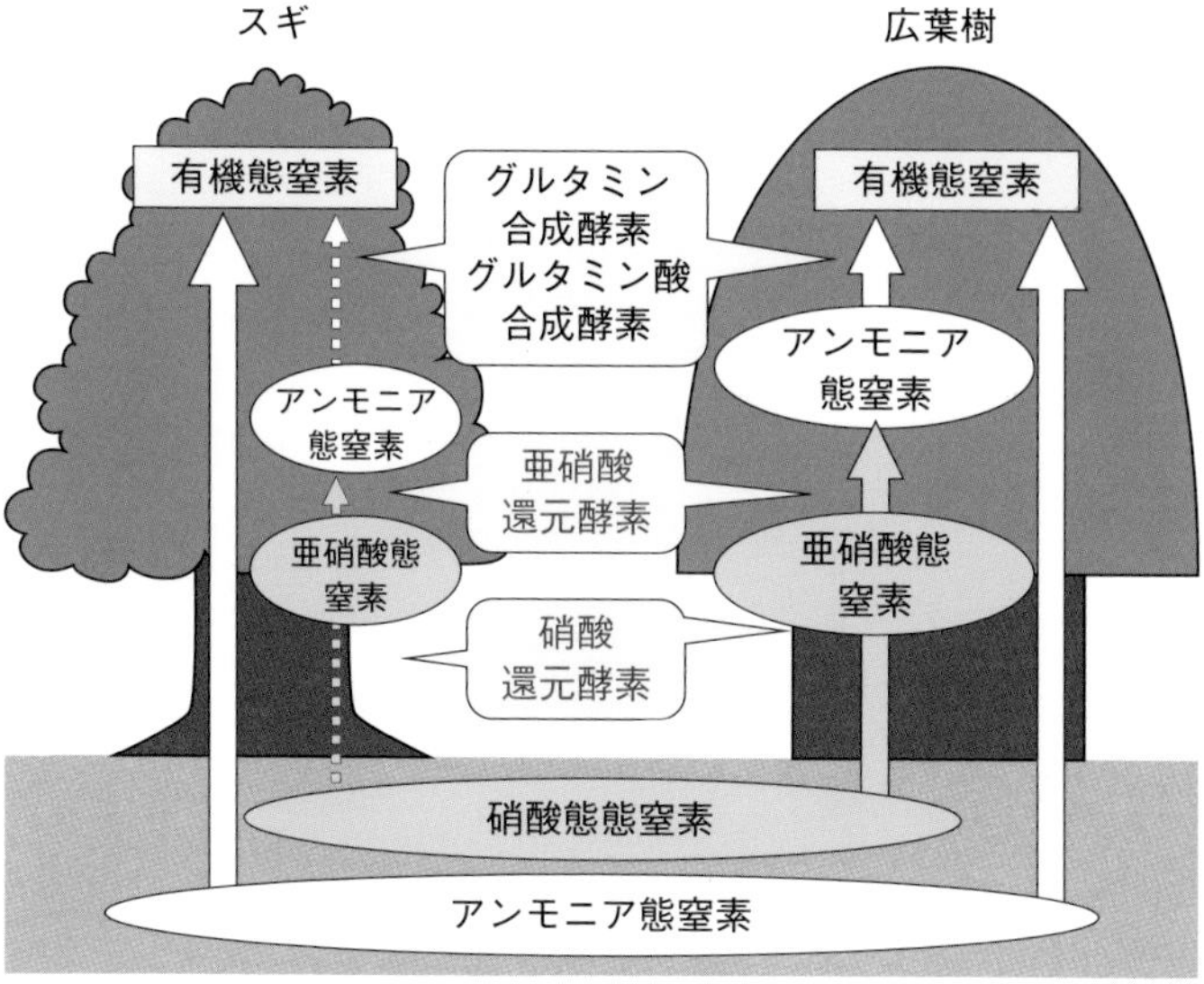

図1-9　樹木による無機態窒素の吸収と同化
（小山 2004、Koyama 2020を参考に書く）

窒素をアンモニア態窒素へ還元して初めて有機窒素化合物を合成することができる。硝酸還元酵素を生成し硝酸態窒素を利用する能力は植物の種によって大きく異なると言われている。

京都大学の小山里奈さんは葉と根における酸還元酵素活性（NRA）を多くの樹木で網羅的に調べた。2020年に公表された論文に掲載されたNRAの一覧表を見て驚いた。尚武沢でよく見られる広葉樹のNRAの一覧表は圧倒的にスギより高いのである。最も優占する3種（ミズキ／ウリハダカエデ／イタヤカエデ）の葉のRNAの平均値はそれぞれ0・56／1・95／0・50もあるのに、スギは0・009ときわめて小さい。根のRNAも同様で広葉樹3種では5・20／4・28／（データなし）と高いが、スギは0・14とやはり桁違いに小さな値を示している。つまり、葉でも根でもスギの硝酸還元酵素の活性は広葉樹に比べ極端に低いことを示している。したがって、ほぼスギしか見られない無間伐区や弱度間伐区では硝酸態の窒素をあまり利用することができずにいることを示唆している。したがって溶脱し下層に垂れ流さざるを得ないのであろう。無間伐区や弱度間伐区では広葉樹が少なく細根量が少ない上に、硝酸態窒素の利用もままならないといった、様々な負の要因が重なり合って、硝酸態窒素の利用率を下げているのである。一方、尚武沢の強度間伐区で優占する広葉樹は葉や根における硝酸還元酵素の活性がスギとは比べものにならないほど高い。つまり、アンモニウム態窒素に還元する能力が高いので硝酸態窒素も思う存分利用しているのである。だから、スギ林に広葉樹が大量に混交すると硝酸態窒素は無駄にされず利用し尽くされるのだろう。広葉樹の混交が増えれば増えるほど細根量も増えるし、窒素の利用効率も上昇する。混交林化は資源を無駄なく使い切る森本来の健全なシステムへの移行なのである。

森の清流——安全な水を飲もう

共同で研究していた林さんや渡邉さんなど国立環境研究所のグループの当初の問題意識は針葉樹人工林の〝窒素飽和〟であった。近年、畑や田んぼの肥料や家畜の糞尿などから揮散するアンモニアや工場やガソリン自動車の排ガスによる硝酸が森林に大量に降ってくるようになってきた。しかし、あまりに大量に降ると樹木や微生物の吸収量を超えてしまう。これが窒素飽和である。窒素飽和が起きた森林からは、窒素が硝酸イオンとして河川に流れ込んで、水源となる河川の水質悪化や、湖沼の富栄養化を招く。林さんたちによると、もうすでに関東の混み合ったスギ人工林では窒素飽和が観察されているという。

尚武沢スギ人工林試験地でも似たようなことが起きている。間伐しないで放置すると細根はあ

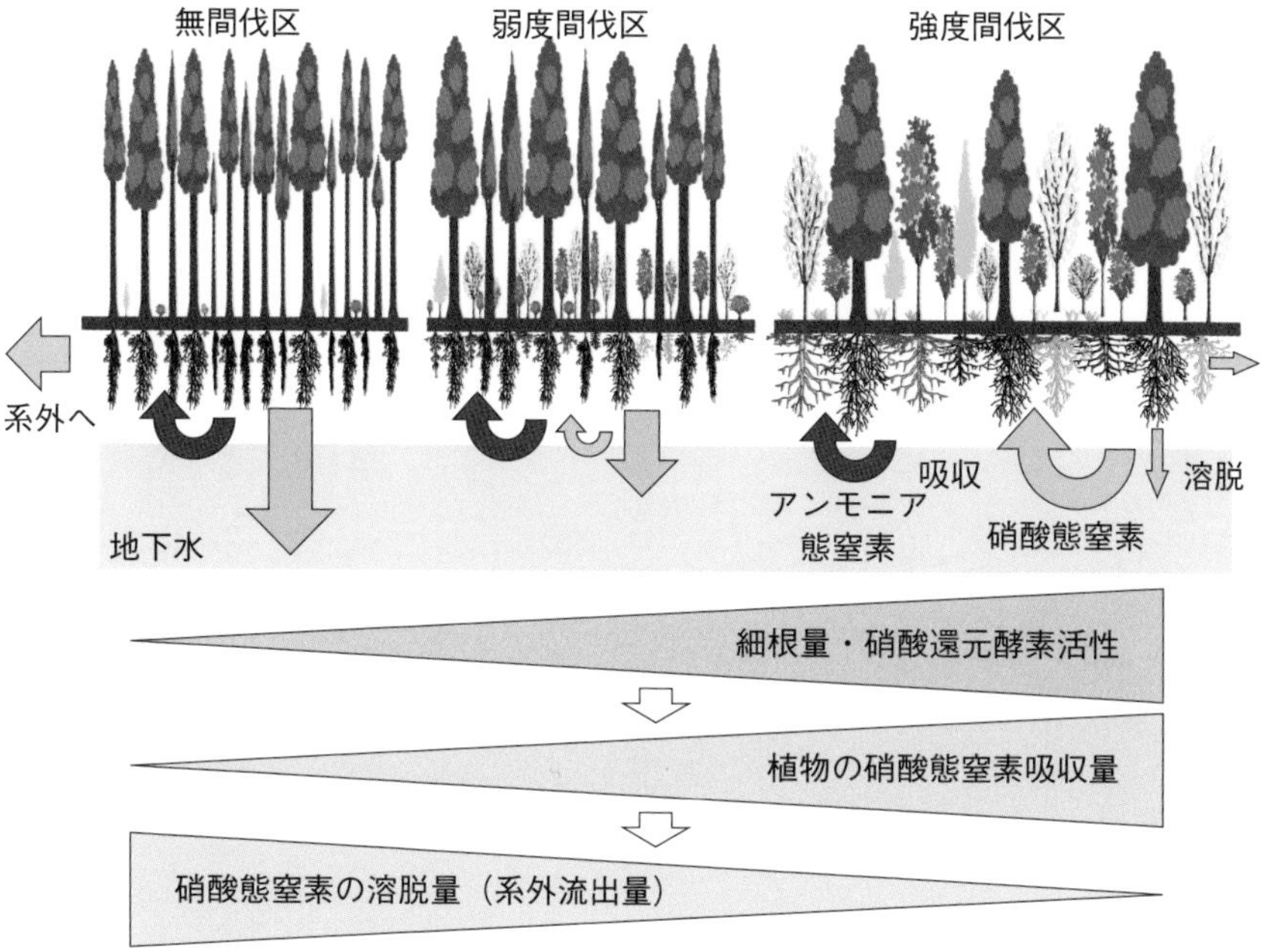

図1-10　スギ林における広葉樹の混交がもたらす水質浄化機能の向上

まり発達しない。弱度の間伐を繰り返してもさほど細根量は増えない。したがって無機化した窒素をあまり吸収できない。その上、圧倒的に優占するスギは硝酸態窒素を利用する能力が低いようだ。葉や根における硝酸還元酵素の活性がとても低いからだ。したがって、無機化された窒素のうち、アンモニア態窒素だけ利用し、他は森林生態系の外へ流出させていることが推測される（図1-10）。それにアンモニア態窒素に比べ硝酸態窒素は移動しやすい。土の粒子は「マイナス」に荷電しているため「プラス」に荷電している陽イオンのアンモニア態窒素（NH_4^+）は土粒子表面に吸着されて移動しにくいが、「マイナス」に荷電している陰イオンの硝酸態窒素（NO_3^-）は土壌に引きつけられず、すぐに流れてしまう。根に吸収されないで土壌中を下方に溶脱していく硝酸態窒素は、たぶん、ゆっくりではあるが水と一緒に下方に透過していき、岩盤にあたり、いずれ河川に流れ込んでいくだろう。地表付近の硝酸態窒素は浅い所を下方に水と一緒に流れていくだろう。いずれの経路を辿っても樹木や草本の根に吸収されなかった硝酸態窒素は土壌微生物に取り込まれるものを除けば、河川や湖沼などに流れ込んでいくと考えられる。つまり、森林生態系で循環しないで系外に流出してしまうのである。硝酸態窒素や亜硝酸態窒素が飲料水などに多く含まれると、血液の酸素運搬能力を阻害するメトヘモグロビン血症を引き起こす。海外では乳児が死亡した例もある。最近でも群馬の病院で亜硝酸態窒素を含んだ水を飲んだ新生児が中毒症状を起こしている。家畜も、飼料作物中の硝酸態窒素により中毒を起こし死亡する事例が報告されている。人間が作った森林でこのようなことが引き起こされるのであれば見過ごすことはできない。

しかし、強度間伐区のように混交林化していくとどうだろう。アンモニア態窒素、亜硝酸態窒素、硝酸態窒素など無機態窒素は残らず吸収されていた。スギ林に広葉樹を混ぜることで細根が地中空間に密に充填されるだけでなく、広葉樹の持つ高い硝酸還元酵素活性という二重の構えで無機態窒素を無駄なく利用し尽くしている。スギ人工林は広葉樹の混交、つまり種多様性の回復によって初めて水質の浄化機能が向上するのである。スギ林本来の姿に立ち戻ることで、森はもともと備えていた力を発揮するようになったのである。

日本の針葉樹人工林は奥山というより人間の居住地に近い所に多い。スギ人工林を間伐せずに放置すると系外への窒素流出が年間を通じて起きているかもしれない。それだけではない。尚武沢での観察が示すのは、普通に弱度の間伐をしても窒素流出をほとんど抑えることができないということだ。やはり、スギ人工林からの硝酸態窒素の流出を防ぐには林冠レベルでの広葉樹の混交しかないことをこの研究結果は明確に示している。

東日本大震災では水道が止まり、家から1・5㎞ほど離れた商店の井戸水を分けてもらった。ポリタンクを一輪車に乗せて歩いていくと、多くの人たちが井戸に並んでいた。何週間も通い、助けてもらった。これが、もし、硝酸態窒素に汚染されていたらどうなっただろう。山から流れてくる水はきれいなものだろう。誰もあまり疑問を持たないできた。しかし、周囲が全てスギに埋め尽くされている山から流れてくる水はどうなのだろうか。もう、手をこまねいている暇はない。今できることをすべきだろう。つまり、身近なスギ林から混交林化を進めるのである。そうすれば、森に清流が戻り、われわれはもっと安全でおいしい水を飲むことができるのである（図1-11）。

図1-11　渓畔林に囲まれた田代川の清流と針葉樹人工林に囲まれた小渓流
上：東北大学フィールドセンター、下：三重県大台町

2章

生産力の向上——林冠に転流する大量の窒素

❖ 吸収された窒素はどこにいく

強度間伐区では、多様な広葉樹が混交し、下層には低木や草本・シダが繁茂することで細根が大量に張り巡らされていた。それらによって、無機態の窒素、つまりアンモニア態窒素も硝酸態窒素も無駄なく吸収されていた。土壌中の微生物が溜め込んでいるものを除けば、ほぼ全ての窒素は幹や茎を通ってスギや広葉樹、それに草本・シダの葉へ転流する。したがって、それらの葉は大量の窒素を吸収しているはずだ。植物の葉は窒素濃度が高いほど光合成速度が高くなる。したがって、強度間伐区では、植物たちが大量の窒素を吸い上げていれば、林分全体の生産力が高くなっていることが予測される。一方、無間伐区や弱度間伐区では窒素が無駄に森林の外に流れ出しているので、地上部の葉に回される量は減っているだろう。林分全体の生産力も長期的に見れば低下傾向にあるだろう。果たして、どうなっているのだろう。まずは地上部の植物それぞれの葉の量を推定した（コラム2-1）。それに、それぞれの葉の窒素濃度をかけて、どれくらい地上部の葉に窒素が転流しているのかを推定した。

コラム2-1　葉量の推定

樹木の葉量推定にはたくさんの労力が要る。特にスギは難しい。葉の寿命は平均で5年ほどだが最大で8年も生きている。毎年少しずつしか落とさないので、リタートラップ（図コラム2-1参照）を設置して落葉量から全量を推定すると誤差が多くなる。そこで、スギを伐倒して、葉をむしるという1960年代に発達した方法を採用した。この方法では推定精度は高いが仕事量はめっぽう多い。覚悟が要る。また、吸い上げられた窒素は今年開いた葉（当年葉）にまず吸収される。したがって、当年葉の方が古い葉（一年生以上の葉齢）より窒素濃度が高いのが一般的だ。そこで当年葉と古葉を分けて、葉量

図コラム2-1　葉量の推定
伐倒したスギの幹の測定(左上)。枝葉は位置と直径を測定後に回収(右上)。当年葉の選別をする鈴木政紀さん（左下)。広葉樹の葉量を推定するためのリタートラップ(右下)

も窒素濃度も測定することにした。これも仕事量を大きく増やすことにつながった。

まず、試験地中央の方形区（0・24ha）の周囲の緩衝帯から合計9本のスギを伐り倒した（図コラム2-1）。それぞれの木で、枝ごとに葉をむしり取って重さを測り、枝当たりの葉量を推定した。その値を用いて、1本のスギの葉量を推定し、最後に林分全体の葉量を推定した。それぞれの推定には〝パイプモデル〟を使った。このモデルは〝樹木や枝のある高さより上の葉量はその高さの幹（枝）の断面積に比例する〟といったことを仮定している。世界的に有名なモデルだ。結果的に高精度に推定できたことを、このモデルを開発した先輩たちに感謝したい。広葉樹は、春開いた葉はその年のうちに落とすのでリタートラップを設置し毎月落葉を回収し、それらを積算し葉量を推定した（図コラム2-1）。シダや草本の葉量は何十カ所もの小面積の方形枠で夏に刈り取って推定した。このように葉量の推定は大変な作業の連続だ。それでも研究室に来たばかりの増田千恵さんたちは若くて元気だ。他の研究室の知り合いに声をかけ大人数で賑やかにやっていた。大学での研究は学生さんの元気と根気と創意でできているようなものだ。その甲斐あって、強度間伐区では材積が少ない割に、予想以上に葉量が回復していることがわかってきた。

❖混交林化すると葉の量が増えるのか——強度間伐で減った葉量の急激な回復

強度間伐区では1回の間伐で林分材積を3分の1も減らすといったことを2度も繰り返したので林分材積は大きく減った。一方、広葉樹の材積は増えているがスギの10分の1しかない（図2

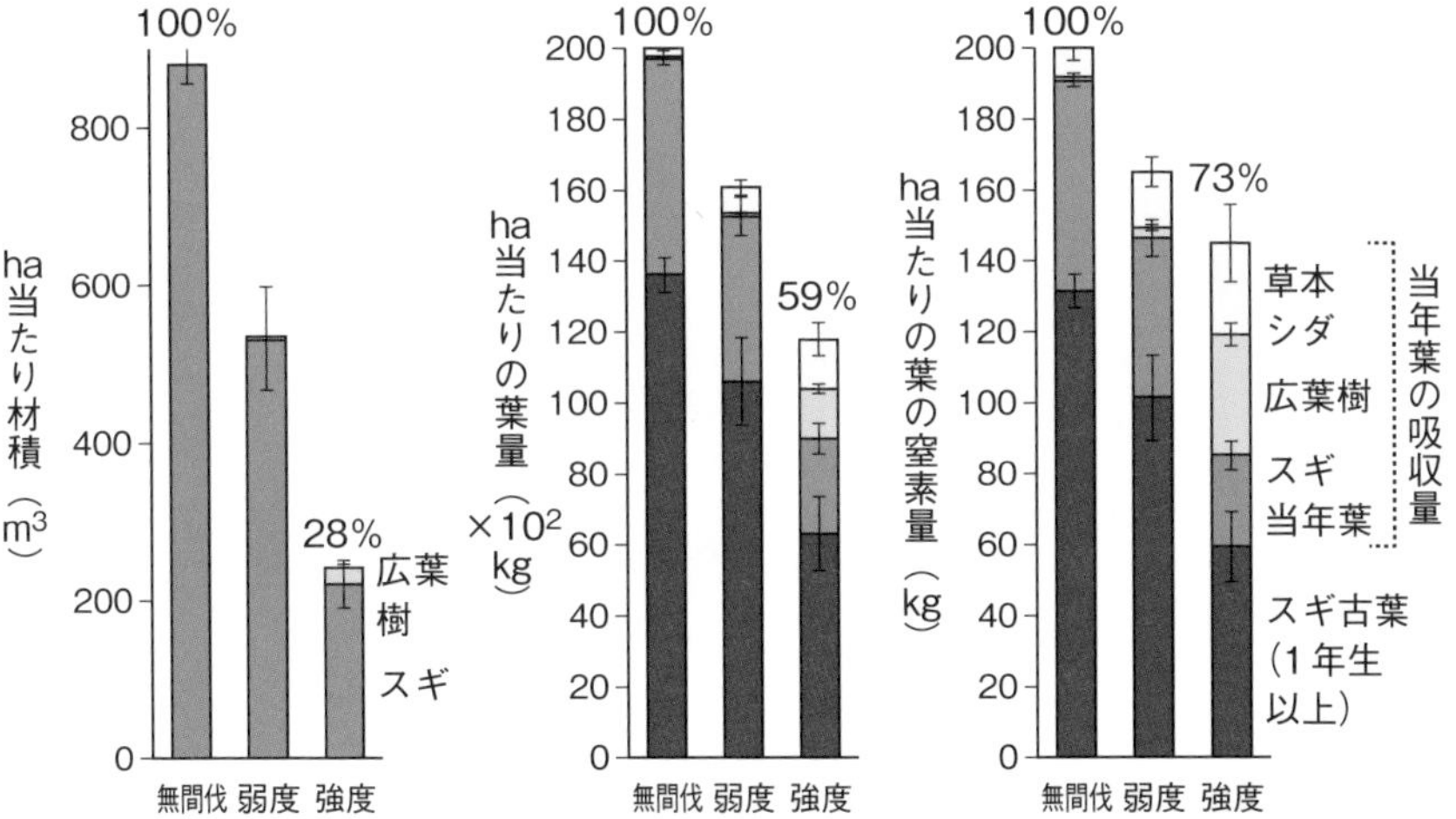

図2-1　各間伐区の林分材積（左）、葉量（中）、葉の窒素量（右）（Masuda *et al.* 2022a）
強度区の棒グラフの上の数値は無間伐区を100とした時の強度間伐区の値
当年に吸収された窒素量はスギの当年葉＋広葉樹＋下層植生（草本・シダ）の合計である

-1左）。したがって強度間伐区のスギと広葉樹を足した林分材積は、初回間伐から15年も経っているのに無間伐区を100%とすると、その28%に過ぎない（図2-1左）。しかし、林分全体の葉量は無間伐区の59%まで大きく回復していたのである（図2-1中）。

なぜ材積が少ない割に葉量は大きく回復したのだろう。一つは強度間伐区で広葉樹や下層植生の葉量が急増したからである。光が豊富なので葉の量も増加できたのだろう。しかし、それだけではないようだ。広葉樹の葉量が急増したのは〝相補性効果〟が働いたためだと考えられる（コラム1-2参照）。強度間伐区を上から見るとスギの樹冠の合間を広葉樹の樹冠がびっしりと隙間なく埋めている（図2-2）。しかし、中に入ってよく見ると、樹冠は一様ではない。種ごとに階層構造を

図2-2　上空から見た強度間伐区（鈴木政紀さんがドローンで撮影）
飛び抜けたスギの樹冠の合間を広葉樹の樹冠が埋めている

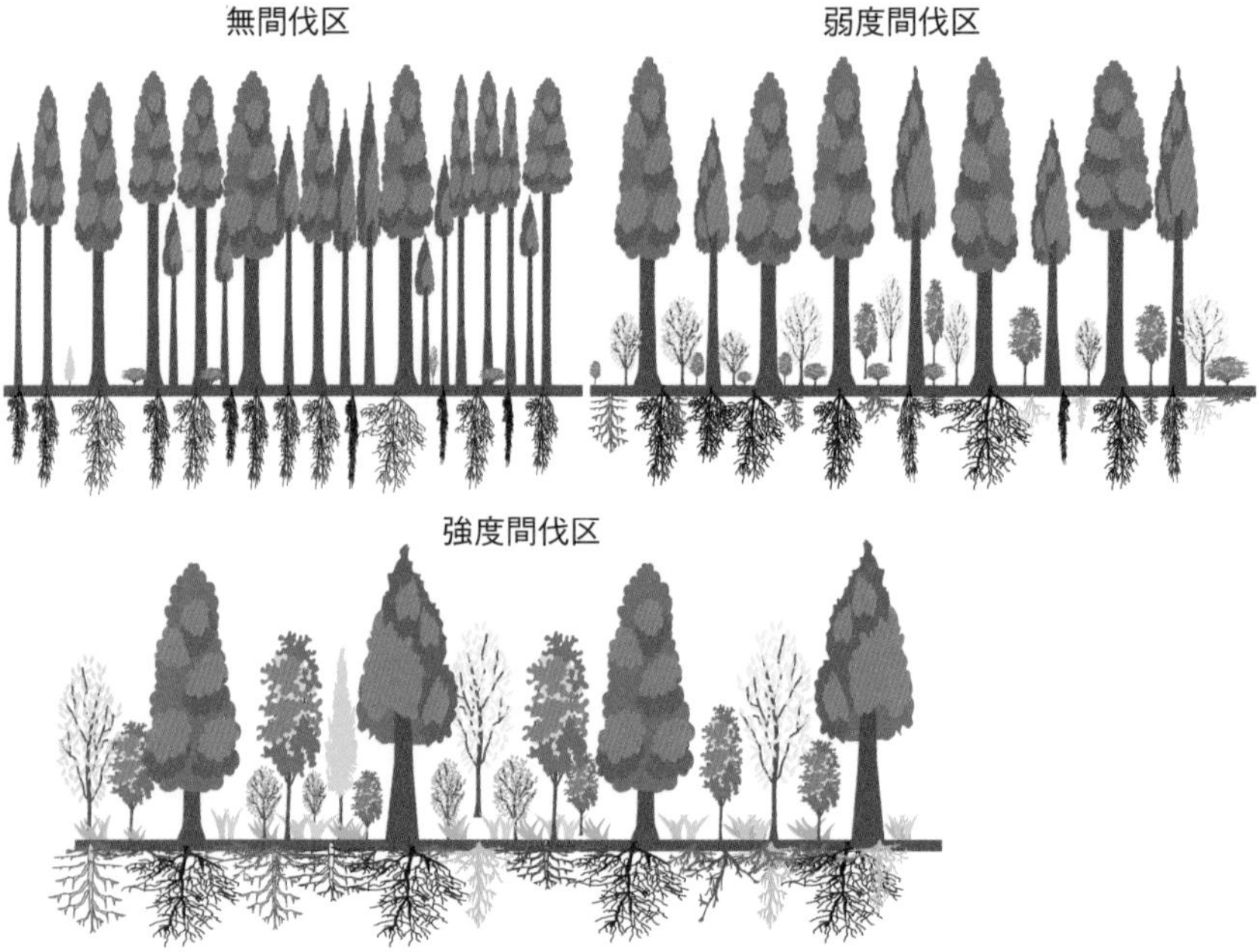

図2-3　スギと広葉樹の樹冠と根の空間分布

作り始めている（図2-3）。上層にミズキ、ウリハダカエデ、オニグルミなどの明るい場所を好む成長の速い樹種、その少し下の層にはコシアブラ、アオダモ、ヤマモミジなど暗い環境でも光合成ができ、ゆっくりと成長する樹種がちらほら見られる。イタヤカエデは上層から下層までまんべんなく見られる。このように共存する樹種の中には光要求性が異なり成長速度も違う種群が混ざるようになり、種間で樹高の差、つまり樹冠の位置に差が出始める。つまり、森林空間を隙間なく葉が埋め尽くすようになるので、林分全体の葉の総量は、単一の樹種で構成される林分より多くなったのだろう。種多様性に富む成熟した森林では樹冠の階層構造の発達が葉量を増加させる、といった事例が近年海外で報告されるようになった。このような種多様性の相補性効果は、スギと広葉樹の混交林でもきっちりと検証できる日がもうすぐ来るだろう。

葉量以上に葉の窒素量が増える――生産力の急激な回復

強度間伐区では、林分当たりの材積が少ない割に葉の量が多い。前節で見たように材積は無間伐区に比べ28％まで落ち込んだのに、葉量は59％ほどまで回復した。さらに、葉量に窒素濃度を掛けて林分当たりの窒素量をもとめると、無間伐区の73％まで回復していた（図2－1右）。これは、優占するミズキやイタヤカエデ、それに草本の葉の窒素濃度がスギの葉の約2～3倍もあるためである（図2－4）。葉の光合成速度は窒素濃度に比例するので、林分当たりの窒素量の回復は林分全体の生産力が急激に改善されていることを意味している。つまり、窒素濃度の高い葉を持つ広葉樹が混交したので林分全体の生産力が増加し始めていることを示している。さらに、単年度分だけ切り取って比べてみると生産力の急激な回復がもっとよくわかる。

〝当年葉に吸収された窒素量〟だけを見てみよう（図2－1右）。つまり、草本・シダの葉、広葉樹の葉、それにスギの当年葉だけを合計してみると強度間伐区で最大となった。つまり、単年度に細根で吸い上げられる窒素は強度間伐区で最大になっていたのである。言い換えれば、その年に開いた葉へ供給される窒素量が最大なのである。この事実を見ると生産力が加

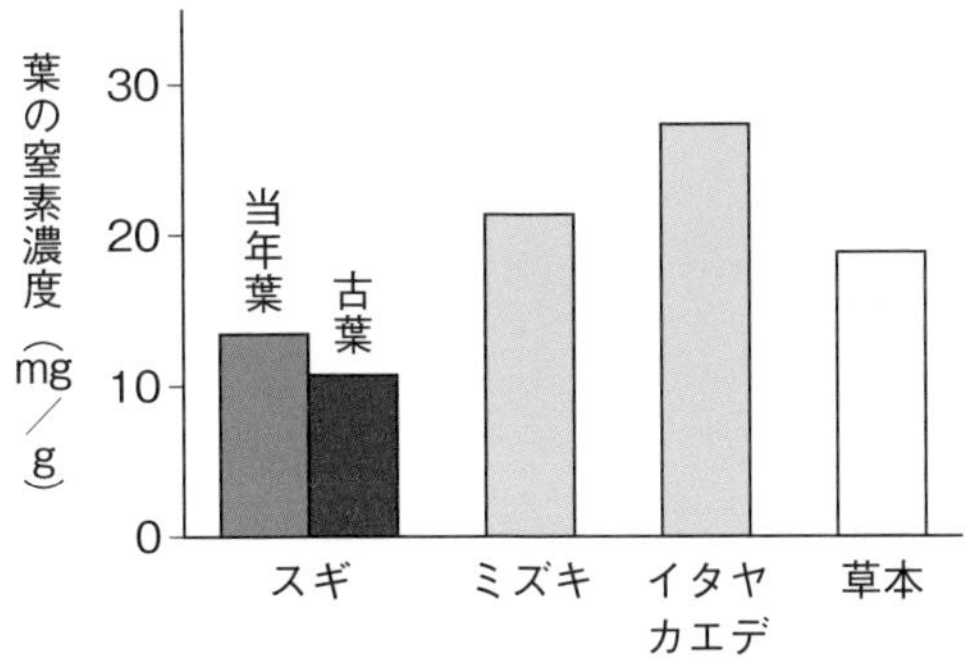

図2-4　強度間伐における葉の窒素濃度
（Masuda *et al*. 2022a）

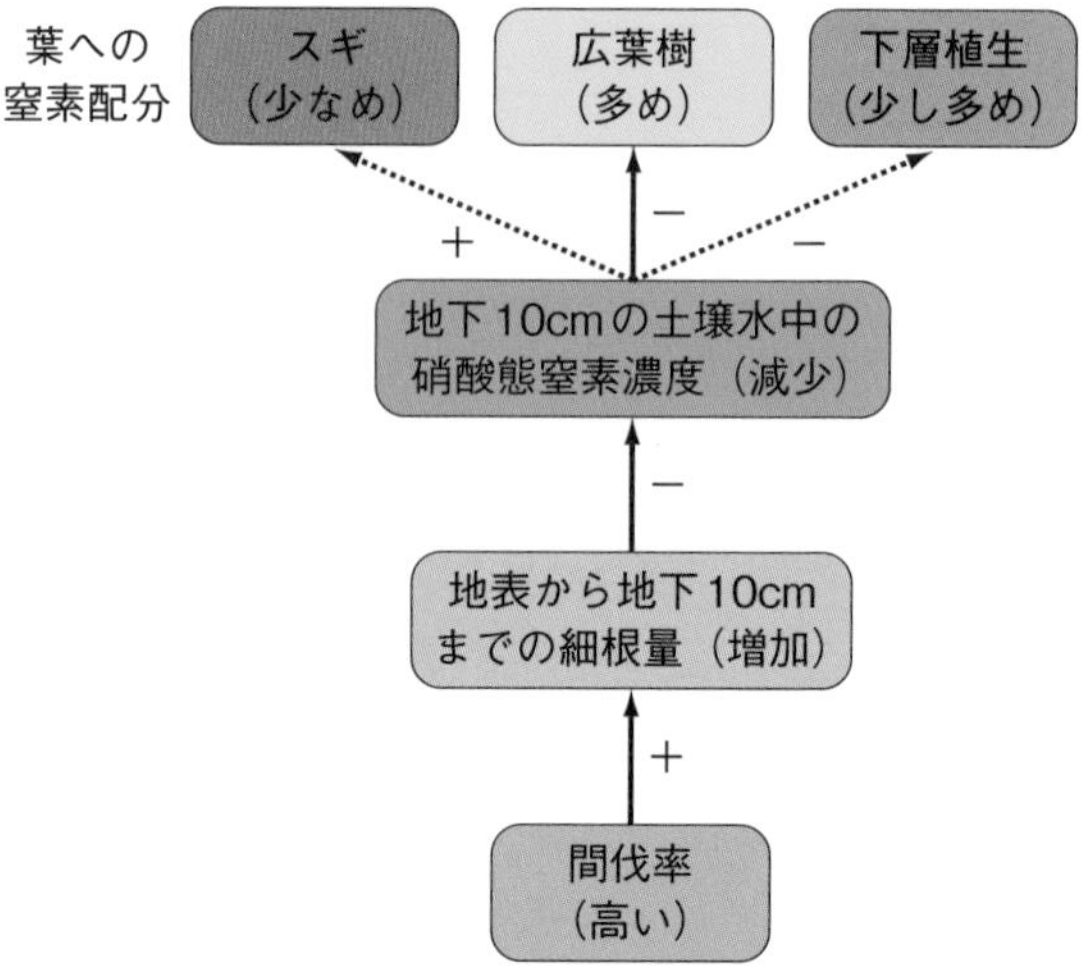

図2-5　間伐強度の違いが地中環境の変化を通じて硝酸態窒素の転流先を決定する。地表面下10cmにおける共分散構造解析（Morikawa *et al*. 2022）
強度に間伐するほど細根が増加し（＋）、細根が増えると表層10cmの土壌中の硝酸態窒素が吸収されて減少する（－）。硝酸態窒素が減少すると広葉樹の葉の窒素量が特に増え（－）、下層植生へも転流され増える（－）。しかし、スギへは相対的に少なく配分された（＋）

速度的に増加していることがわかる。

　では、地上部のどの植物にどのくらい硝酸態窒素が転流しているのだろう。間伐強度が細根の量に影響し、そして細根が窒素を吸い上げ、それらがどこに転流されるかを共分散構造解析（SEM）という手法で解析してみた（図2-5）。SEMは複数の要因間の関係性を一度に解析できる便利な統計的手法だ。図2-5を見ると根に吸収された窒素はとりわけ広葉樹の葉に多く転流されていることがわかる。次に窒素吸収の原動力になっているのは草本やシダなどの下層植生である。スギの葉はそれらよりも相対的に吸収源としては役割が低いようである。

この解析結果は、やはり広葉樹の混交が林冠への窒素の転流を押し上げる一番の推進力であることを示している。

　現状では、強度間伐区の広葉樹はまだスギの高さに達していない。葉量も他の間伐区より少ない。しかし、材積以上の割合で葉量も増え続けており、もし、このまま広葉樹が林冠に達したら林分全体の葉量もさらに増え、たぶん弱度間伐区や無間伐区に近づくだろう。そうなれば、林分当たりの窒素量は間伐強度にかかわらず同レベルか、強度間伐区で最大になる可能性は高い。その上、安定した階層構造を形成するようになれば、それぞれの階層の樹種の葉には、その階層の光環境に適した濃度の窒素が最適に分配されるようになるだろう。例えば、林冠の上部を占める陽樹の葉の窒素濃度が高く下部の陰樹では濃度が減少するといったようにである。その時には個々の樹木の窒素利用効率がさらに向上し、森林全体でも光合成量は最大化するだろう。つまり、強度間伐区で生産力は最大になるだろう。このようなことは、草本群落ではよく知られており森林でも起きうることだ。種多様性が増すと光や窒素などの資源をより効率的に相補的に利用することが森林でも実証される日も近い。今後さらに注意深く見ていく必要がある。

スギも伸び伸びと葉を広げる——間伐の効果と混交の効果

強度間伐区における林分生産力の向上にはスギも大きく関わっていた。ただし、関わり方が広葉樹とは大きく違う。葉への大量の窒素転流によるものではなく、樹冠形を変化させ、個体当たりの葉量を増やすことで生産力を上げていたのである。

強度間伐すると残ったスギは孤立木のようになる。間伐前は高く枯れ上がったままだが、間伐後には幹の下の方から枝が出てくる（図2-3、図7-11も参照）。間伐後、光が幹の下まで届くようになり、樹皮の下に潜伏していた芽が目覚めたのだ。そのため葉の着いている樹冠が垂直方向に長くなった。枝は横方向にも伸び、大量の葉の展開を可能にしている。太い木だけでなく細い木も多くの葉を着けているのが特徴だ。また、葉の窒素濃度は樹冠の上下でも間伐の強度でも変化しなかった。したがって、樹冠内の葉の窒素量は葉量の傾向と同じで、強度間伐区では優勢

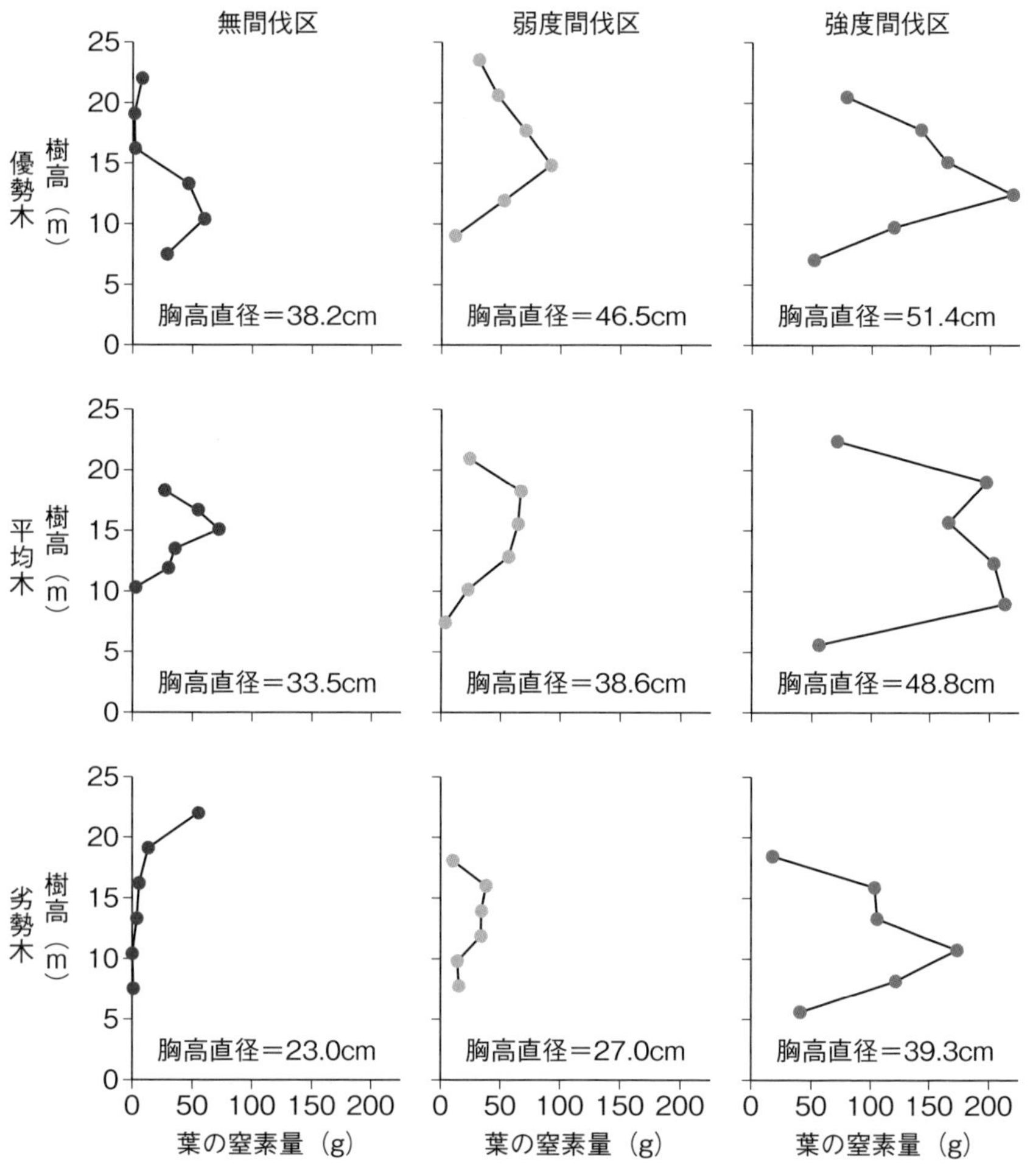

図2-6　スギの樹冠の位置別にみた葉の窒素量（Masuda *et al*. 2022a）

木、平均木、劣勢木いずれも樹冠の下の方まで葉を着け、その中に含まれる窒素量も上から下まで多い（図2-6）。劣勢木でも光環境がよくなったので樹冠全体を使って光合成をしていることがわかる。一方、無間伐区では、劣勢木はもちろん優勢木でさえ、ほんの少しの葉をてっぺんに着けているだけである。個体としてはようやく息をしているにすぎない。弱度間伐区でも樹冠の葉量（窒素量）は優勢木・平均木でさえ強度間伐区の3分の1程度だ。劣勢木は無間伐と同程度だ。弱度間伐は絶えず頻繁に間伐を繰り返さないとすぐに樹冠に光が当たらなくなり樹冠の葉量（窒素量）が急激に減ってしまうだろう。

強度間伐区におけるスギ個体の葉量の急激な増加は、単に広い空間が空いたせいだけではない。常緑樹であるスギ同士の強い種内競争から解放され、落葉広葉樹との弱い種間競争に移行したためかもしれない。心なしか、スギは少しのんびりしているように見える。落葉広葉樹は、葉を秋に落とし春に開く。その間の温かい日は常緑の葉を着けたスギだけが明るい光を浴びて盛んに光合成をしている。常緑の低木やササなどもそうである。雪解け直後に発芽するイタヤカエデの実生も林冠木が葉を開く前にその年の総重量の80%を獲得している。スギもまた、晩秋とか早春の明るい時期を利用して少なからず光合成をしているだろう。広葉樹との混交は、同種内の厳しい競争が解消されるだけでなく、スギにとってはむしろ、伸び伸びと成長するチャンスにもなっているようだ。

このように強度間伐区では、全てのスギで葉量が顕著に増加したことで、材積に対する葉量の割合が大きく増加した（図2-7左）。つまり、非光合成器官（材積）に比べ光合成器官の量（葉量）が増えたのである。その結果、林分材積の相対的な成長率が上昇したのである（図2-7右）。強度間伐による広葉樹の混交は広葉樹の増加だけでなく、針葉樹の葉への配分を増大させることによっても林分材積の生産性が大きく向上していたのである。つまりスギの成長は、単に強度間伐をして広いスペースが空いたという単純な間伐効果だけではなく、広葉樹との混交という種多様性の回復によるプラスの効果も働いていることを示している。

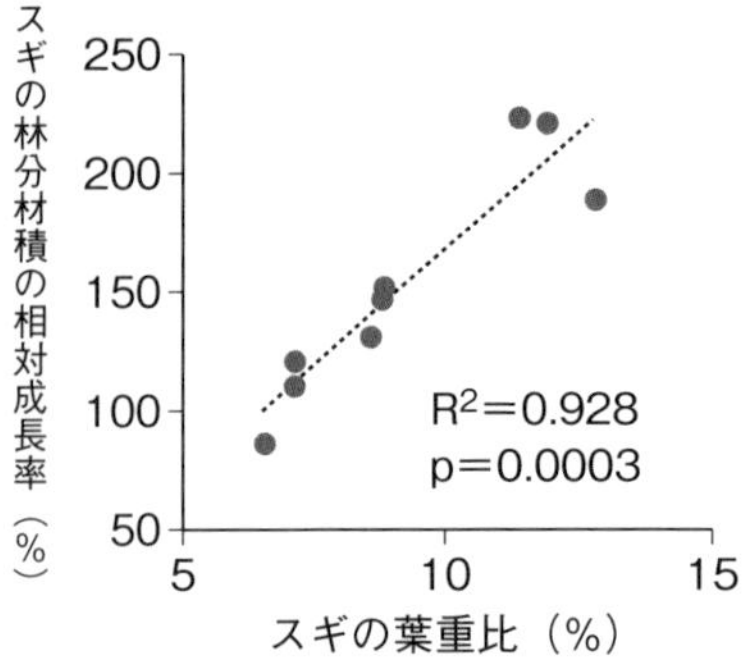

図2-7　スギの葉重比（林分葉重／林分材積×100）とスギの林分材積の相対成長率［（林分材積$_{2020}$－林分材積$_{2008}$）／林分材積$_{2008}$×100］との関係）（Masuda *et al*. 2022a）

たくさんの樹種が共存する森ほど生産力が高い

われわれが住んでいる地球には様々なタイプの森林や草地がある。それぞれの植物生態系の生産力は古くから研究されてきた。１９９６年、デービッド・テルマンは、〝種多様性の高い植物群集ほどより高い生産力を示す〟ことを草地の実験系で証明してみせた（コラム2-2）。その後、多くの実験で確かめられ、植物生態系の生産力に及ぼす種の多様性の効果を疑う科学者は少ない。森林生態系でも、多くの樹種が混交する林分ほど生産性が高いことが近年、報告され始めている。特に２０１６年にリヤンらがサイエンス誌上に発表した論文は信ぴょう性を高めるに十分だ。世界中の天然林だけでなく人工林も含めた約75万の長期調査地のデータを用いて、種多様性が高い森林ほど生産力が高いことを検証しているのである（図2-8）。ここには日本のデータも含まれている。

尚武沢試験地のスギ人工林でも、広葉樹の混交（種多様性の回復）が窒素濃度の高い葉、つまり光合成効率の高い葉の量や割合を増やすことによって生産力を上げていることが推測された。同時にスギ自身も種内競争から解放され、葉への配分を大きく増やすことによって、生産力向上に寄与していた。このようにスギ人工林においても、広葉樹の混交（種多様性の回復）は生産力を向上させる効果があることは間違いなさそうだ。

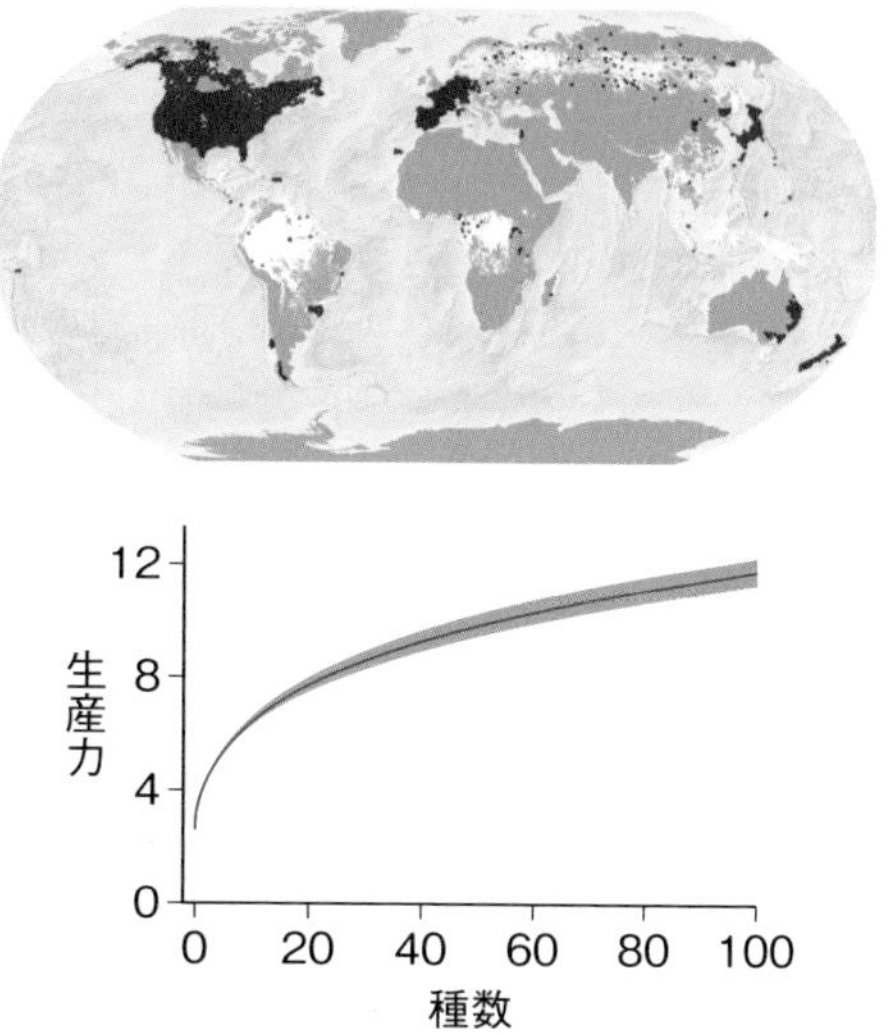

図2-8　種が多様な森林ほど生産力が高い（下）（Liang *et al.* 2016）
世界各地の森林（青色、上）のデータを標準化したもの

コラム2-2

森林も草地と同じメカニズム――種多様性と生産力

〝種多様性が高いほど生産力も高い〟。ダーウィンが最初に提唱した説だとも言われている。草地生態系では1990年代から数多くの実験が行なわれ検証が試みられてきた。とりわけデービッド・テルマンの先駆的な研究は有名だ。一定面積の方形区に種数を変えて草本を育て、秋に刈り取って調べた。より多くの種が混じった区画の方が1種類や2種類の植物を育てた場所より収量（現存量）が多くなったのである（図コラム2-2）。世界中でほぼ同様の結果が得

られており、もう一般則のようなものである。いろいろな植物種が混ざり合うと、地上部では葉層が垂直方向で階層を作り、光をより有効に吸収できるからである。また、地下部では根の階層構造が見られることもあるが、見られないことも多い。

いずれにしても種内競争が緩和され、根量が増え、栄養塩（硝酸態窒素など）をより効率的に吸収するためだというのが大方の理由である。したがって種が多様な群集では土壌中の栄養塩が利用し尽くされて残っていない（図コラム2-2）。たぶん、地下に張り巡らされた細い根が吸収し尽くしたからだろう。吸収された窒素は根から葉へ回り、葉の光合成が活発になることにより生産力が増加するのではないか、と考えられている。いみじくも、尚武沢で見られた間伐実験の結果は、これらの草地の試験地と同じ結果であった。小さな草たちの社会でも大きな樹木たちの社会でも、同じメカニズムで自然は成り立っていることを示している。多様な生物が共存する生態系ほど生産性が高いということは森林でも間違いなさそうだ。

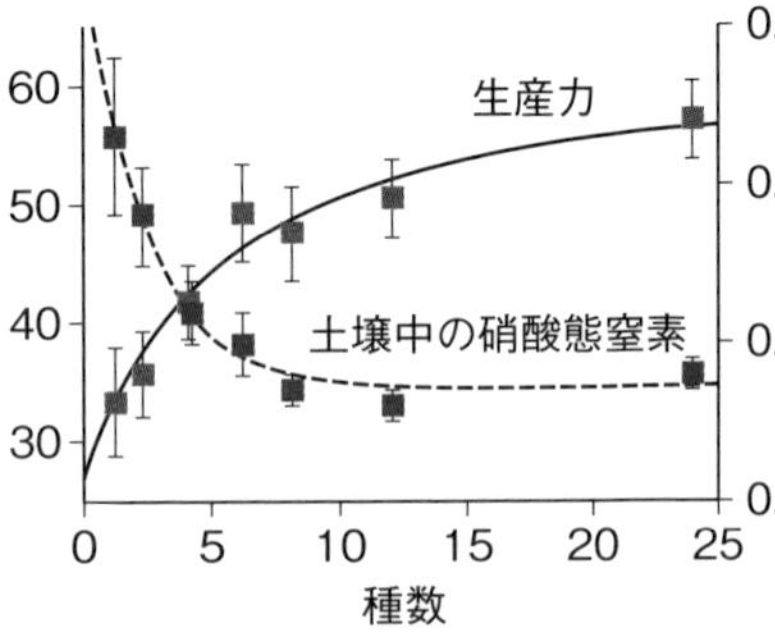

図コラム2-2　草地の実験系における種多様性と生産力（Tilman *et al*. 2014）
一つの植物群集で種数が増えるほど土壌中の硝酸態窒素濃度は減り、同時に生産力が上がる。つまり、吸収された硝酸態窒素を用いて地上部の生産力が向上している

3章 持続する生産力——窒素は巡る

森は本来、物質が無駄なく循環する生態系である。春には展開した大量の葉で光合成をし、有機物を生産する。役目を終えた葉は地面に落ちていく。地中でも役目を終えた根が剥離していく。それらは土中でミミズなどによって食べられ粉砕され、微生物によって無機化され、再び根によって吸収される。森林はその生態系内で肥料を作り、自らに施し、それを吸収する。そして、木々は大きくなっていく。その原動力となる窒素も自分でまかなっている。老熟した天然林は自己完結していると言われている。本来の森林は施肥も農薬散布もしなくても樹木を健康に育て、人間に対しても持続的に木材を提供する生態系である。混交林化していくことは自己完結する森になっていくことを意味しているのだろうか。本章では、混交林化によって単純林よりも無駄なく窒素が循環し、自己施肥系として機能し始めているのかを見ていきたい。そして、混交林化が持続的な木材生産につながるのかを検証してみたい。

小さな広葉樹の大きな窒素供給(1)——大量の落ち葉の量

無間伐区では敷き詰められた未分解の針葉がクッションを効かせている。歩きやすいが味気ない。細く曲がった小枝があちこち転がっているだけでとても殺風景だ。一方、強度間伐区では、

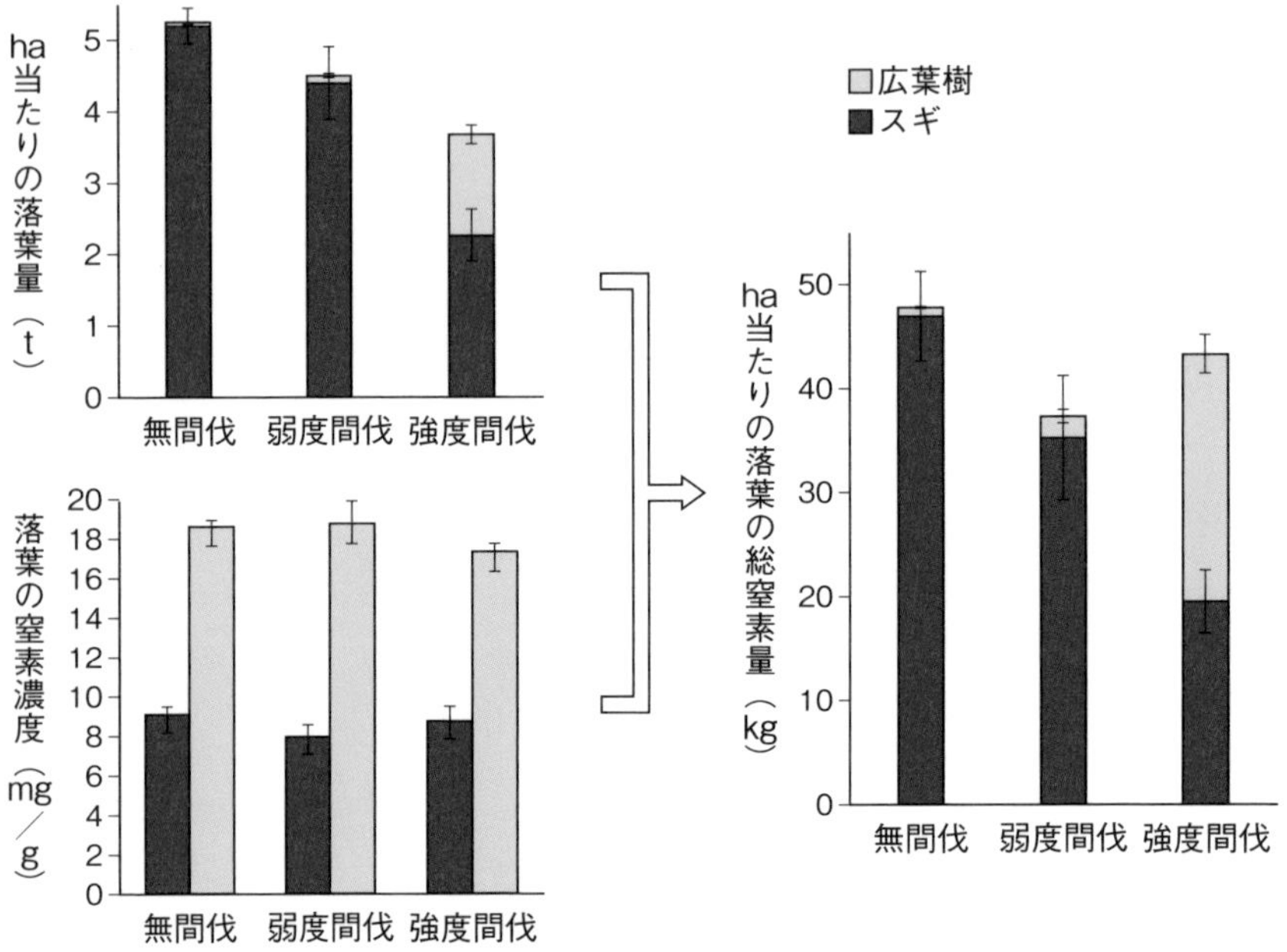

図3-1　落葉量（左上）に落葉の窒素濃度（左下）を掛けると落葉に含まれる窒素の総量（右）になる（Masuda *et al*. 2022b）

間伐直後はクマイチゴやモミジイチゴがはびこった。エゾアジサイが株立ちし、テンニンソウが密立していた。藪を漕ぎながらの調査はとても歩きづらかった。しかし、広葉樹の成長に伴って急激に姿を消した。林床には広葉樹の落ち葉が敷き詰められ、少し歩きやすくはなったが、足が沈むような気がしてきた。たぶん、落ち葉が分解して土が柔らかくなってきたせいだろう。

でも、どれくらいの落葉の流入があるのだろう。リタートラップを設置して1年間調べてみた。増田さんや森川さん、技術職員の鈴木政紀さんは毎月回収に通った。時々クマに壊されては修理しながらの調査だった。年間の落葉量を比較したところ、やはり、ha当たりの落葉の流入量は、無間伐区で5・3tで最も多く、ついで、弱度間伐区で4・4tだ。強度間伐区では3・7tと最も少なかった。強度間伐区ではスギの材積が少ないので仕方がないが広葉樹の葉の占める割合は、約40％とずば抜けて高かった（図3‐1左上）。無間伐、弱度間伐区の1～2％と比べると抜群に高い。さらに広葉樹の落葉の窒素濃度はスギの2倍もあるので（図3‐1左下）、落葉量と窒素濃度を掛け合わせて、落葉による林床への窒素流入量（総窒素量）を見ると、おもしろいことに、強度間伐区、弱度間伐区、無間伐区の差がほとんどなくなったのである（図3‐1右）。つまり、わずかばかりの広葉樹の混交は、落葉による栄養供給を飛躍的に高めたのである。広葉樹は材積の割に落葉量は多く、落葉の窒素濃度も高いので、落葉による林床への全窒素供給量の半分以上を広葉樹が占めるようになったのである。尚武沢の窒素循環の始まりにおいて、まだ小さい広葉樹が大きな働きをし始めている。

小さな広葉樹の大きな窒素供給（2）――落ち葉の速い分解

スギ人工林の林床では、スギの針葉が年中いつでもトゲトゲとした原形を留めている。しかし、広葉樹林に行くと雪が解ける頃にはミズナラやブナ、トチノキなどを除けば樹種判別がほとんどできなくなるほど落ち葉はボロボロだ。おおむね広葉樹の葉の分解速度は針葉樹よりも速いことはよく知られているが、混交林化の程度の異なる尚武沢スギ人工林ではどうだろう。広葉樹の落葉の多い強度間伐区では、広葉樹の少ない弱度間伐区やスギしかない無間伐区に比べどれほど落葉の分解が促進されるのだろう。

最も多く見られる広葉樹であるミズキとスギの分解速度が〝どれくらい〟違うのか調べてみることにした。滅菌した落ち葉を2ミリメッシュの寒冷紗で作った袋（リターバッグ）に入れ、落

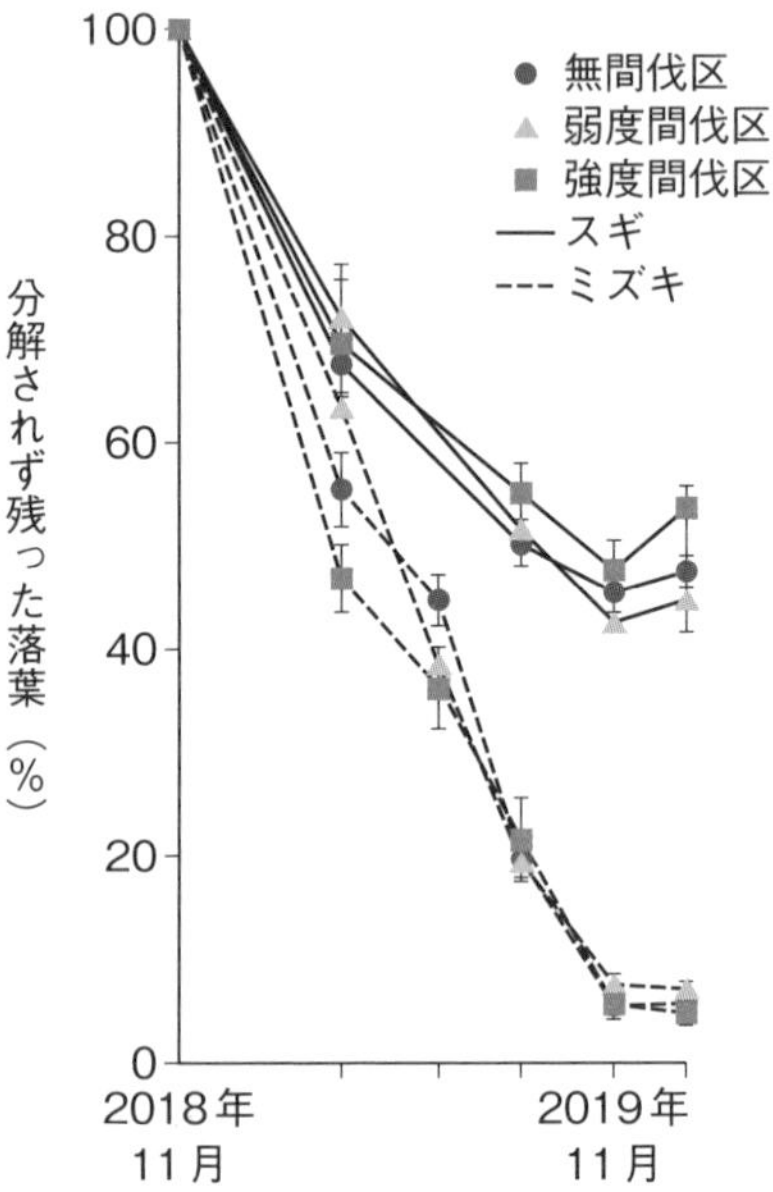

ミズキの葉

スギの葉

実験風景

図3-2　リターバッグ内の落葉の重量残存率（左上：Masuda *et al*. 2022b）
実験終了時のスギとミズキの葉（右上）。リターバッグを腐食層の下に置いている様子（下）

ち葉や小枝、細かく砕かれた腐植などを掻き分け、その下に置き、2ヵ月ごとに回収して重さを調べた（図3-2）。この方法ではミミズなどの大型の土壌動物の影響は除かれる。丸一年（373日）過ぎると、どの間伐区でもミズキは重量で6%しか残っておらずほぼ分解し尽くされていた（図3-2左上）。一方、スギはまだ半分ほど

（47％）残っていた。思った以上の違いがあるものだ。落葉の分解に関わる土壌動物や土壌微生物がスギよりも広葉樹を圧倒的に好むからだ。広葉樹の葉は柔らかく難分解性のリグニンが少ない。窒素濃度も高いので、分解の指標とされる炭素（C）と窒素（N）の比率（C：N比）が低い。微生物が大挙して寄ってくるわけだ。土壌動物はさらに落葉などを分解する酵素をもつ微生物を摂食することで分解を促進する。ミミズなどの大型の土壌動物に食べられた腐植は消化管を通る間に細かく砕かれ、糞として排泄されている。これらの排泄物は微生物の利用性を高めているとの報告もある。ミミズなどは広葉樹の葉を好むので広葉樹の落葉が増える効果は二重三重となって現れてくるのだろう。一方、スギの葉は葉の表面には物理的な障壁があり見るからに硬い上、粘り強さもある。中にはリグニンを多く含み、フェノール化合物も多い。微生物やミミズなどには手ごわい相手なのだ。

この実験ではリターバッグ内に一種の葉だけを入れたが、複数の樹種の落ち葉を混ぜると分解速度がさらに速くなることが知られている。もし、そうであれば、多様な樹種の落ち葉が混じり合う強度間伐区では、分解速度がもっと速いだろう。逆に、分解しにくい針葉樹を一緒に入れると、それに影響されて分解されにくいことも報告されている。われわれの実験ではリターバッグの上に、その周辺の落ち葉を振り掛けたので、ここで得られた結果はそのままそれぞれの間伐区で起きていることをほぼ反映している。つまり、少しだけスギの葉が混じっても強度間伐区では落葉の分解が最も速く進むのは間違いないだろう。

さて、ここまできたらおもしろいことがわかりそうだ。落葉の由来によってどれほどの窒素が土壌へ供給されているのかが計算できるからだ。スギと広葉樹それぞれの落葉量と分解速度がわかったので、これらを掛け算すればよい。その結果、驚くべきことに強度間伐区で最大となったのである（図3-3）。それも広葉樹由来の窒素供給量が、スギ由来よりも圧倒的に多い。これは、驚くべき結果である。広葉樹はまだ細く林冠に達してもいないので葉量もさして多くない。しかし、高い窒素濃度と速い分解速度で、この時点で窒素供給量はスギを超えたのである。その結果、強度間伐区では無間伐や弱度間伐よりも多い窒素が落葉から供給されていたのである。広葉樹混交の威力はやはり甚大である。

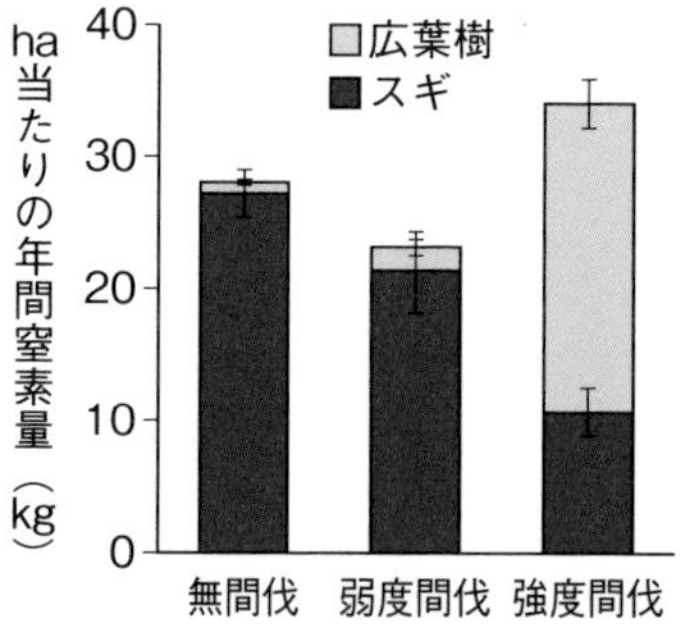

図3-3　土壌に供給される落葉由来の窒素量（Masuda *et al*. 2022b）

❖ 小さな広葉樹の大きな窒素供給（3）——土壌窒素の素早い無機化

植物たちが直接利用できるのは無機態の窒素である。有機物のままでは利用できない。落葉が分解されて無機物になって初めて利用できる。微生物たちは土の中で、有機態窒素をアンモニア態窒素に〝無機化〟し、さらに亜硝酸態窒素に、最終的には硝酸態窒素に〝硝化〟していく。一方で、分解を行なった当の微生物も新たに成長したり増殖したりするために無機化された窒素を必要とする。その際、無機態窒素を体内に取り込み、有機態窒素に変化させる。これを土壌窒素の〝有機化〟と呼んでいる。窒素の無機化と有機化は、土の中では同時に起こっている。無機化がより速く進めば、植物が吸収できる無機態窒素が増える。一方、有機化が速く進めば、土の中から無機態窒素が減ってしまうので植物は窒素を吸収できなくなる。そのため無機化と有機化のバランスが大事だ。微生物による窒素の無機化と有機化には、有機物の分解のしやすさと、有機物に含まれる炭素（C）と窒素（N）の比率が大きく関わってくる。一般的にC：N比が20以下の場合、つまり炭素に比べ窒素の割合が高いと、土の中に無機化された窒素が放出され、無機化が進む。一方、C：N比が20以上の場合、土壌中の窒素が微生物に取り込まれ有機化が起きる。尚武沢試験地の土壌のC：N比は15から19なので、無機化が起きていることは間違いない。

大学院生の増田さんが土壌窒素の無機化速度を調べてみた。各間伐区から採取してきた土壌をボトルに入れ水分と呼吸を維持しながら、20℃の暗条件下で63日間培養した後、無機態窒素を抽出した。無機化速度はやはり強度間伐区で最も速く、無間伐区と弱度間伐区はほぼ同じくらいであった（図3-4）。土壌窒素の無機化速度は土壌の温度・水分・pHなどにも影響されるがいずれも間伐処理区間では大きな差はなかった。傾斜のない同じ斜面で3回反復を繰り返したので野外の試験にしては環境の差が小さい。したがって、広葉樹混交の影響がハッキリと抽出できたのである。強度間伐区で無機化速度が速いのはやはり土壌のC：N比が低いためである。強度間伐区では、C：N比の低い広葉樹の落ち葉が大量に供給される。それだけでない。最近の研究では特に根の滲出液や分泌物そして枯死し剥離した細根による窒素の供給の方が重要だと言われている。すでに1章でみてきたように強度間伐区ではC：N比の低い広葉樹や草本の根が大量に生産されている。根の寿命はスギより広葉樹や草本の方が短いのは間違いないので土壌中にはC：N比の低い根の残骸が毎年大量に供給されるだろう。つまり、利用しやすいエサが土壌中に大量に供給されるので、微生物が増え、かつ活発になるのだ。その結果、無機化されたアンモニア態や硝酸態の窒素が大量に吐き出されるのである。尚武沢試験地では、広葉樹の混交割合が高いほど土壌中の窒素の無機化が進み、樹木たちが利用できる栄養分であるアンモニア態窒素や硝酸態窒素が土壌中に大量に供給されることが明らかになったのである。

ただし、有機態窒素を直接吸収している可能性のある高木生の樹木がある。外生菌根菌[注6]と共生するブナやミズナラなどブナ科、シラカンバなどのカバノキ科、それにヤナギ科などの樹木である。外生菌根菌は〝有機態窒素分解酵素〟を生産するので、菌根菌を介して有機態窒素を直接吸収している可能性がある。しかしながら、尚武沢では外生菌根菌タイプの樹種が少なく、少数だけ残ったコナラやクリも外生菌根菌の感染があまり見られなかったので（Ⅱ部6章参照）、有機態窒素が利用されている可能性は低い。

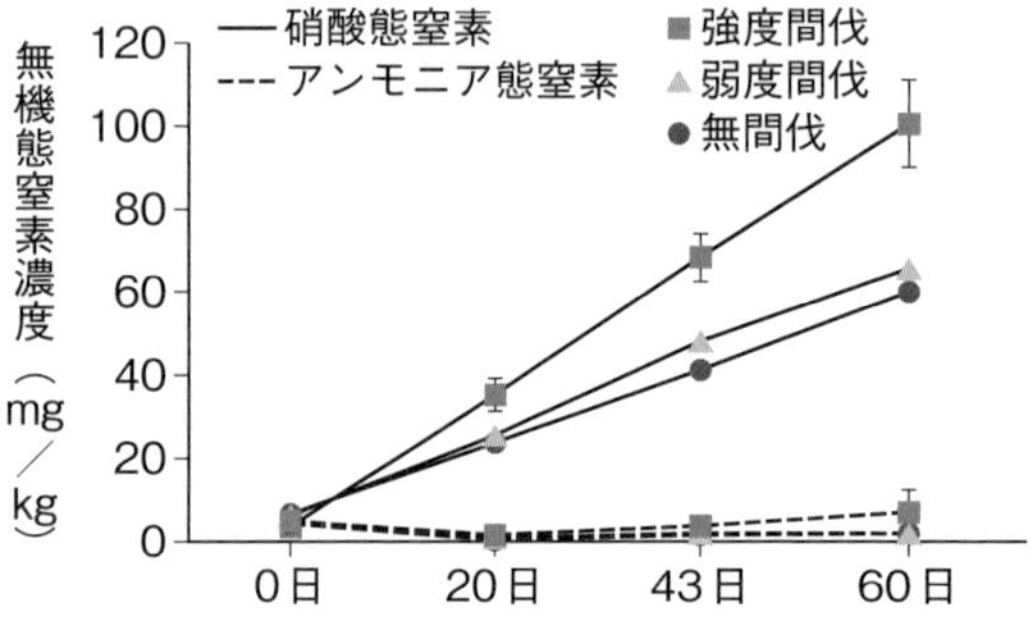

図3-4　土壌中の無機態窒素濃度の時間変化（Masuda *et al.* 2022b）

（注6）外生菌根菌：多くの植物は根の組織内に入り込んだ菌根菌と共生している。植物は菌根菌が土壌から吸収した無機栄養分（窒素やリン、カリウム、鉄など）をもらい、菌根菌は植物が光合成をして得た糖類をもらう。両者は相利共生関係にある。高木性の樹木と共生する主な菌根菌には外生菌根菌とアーバスキュラー菌根菌の2タイプがある。（菌根菌の詳細は6章参照）

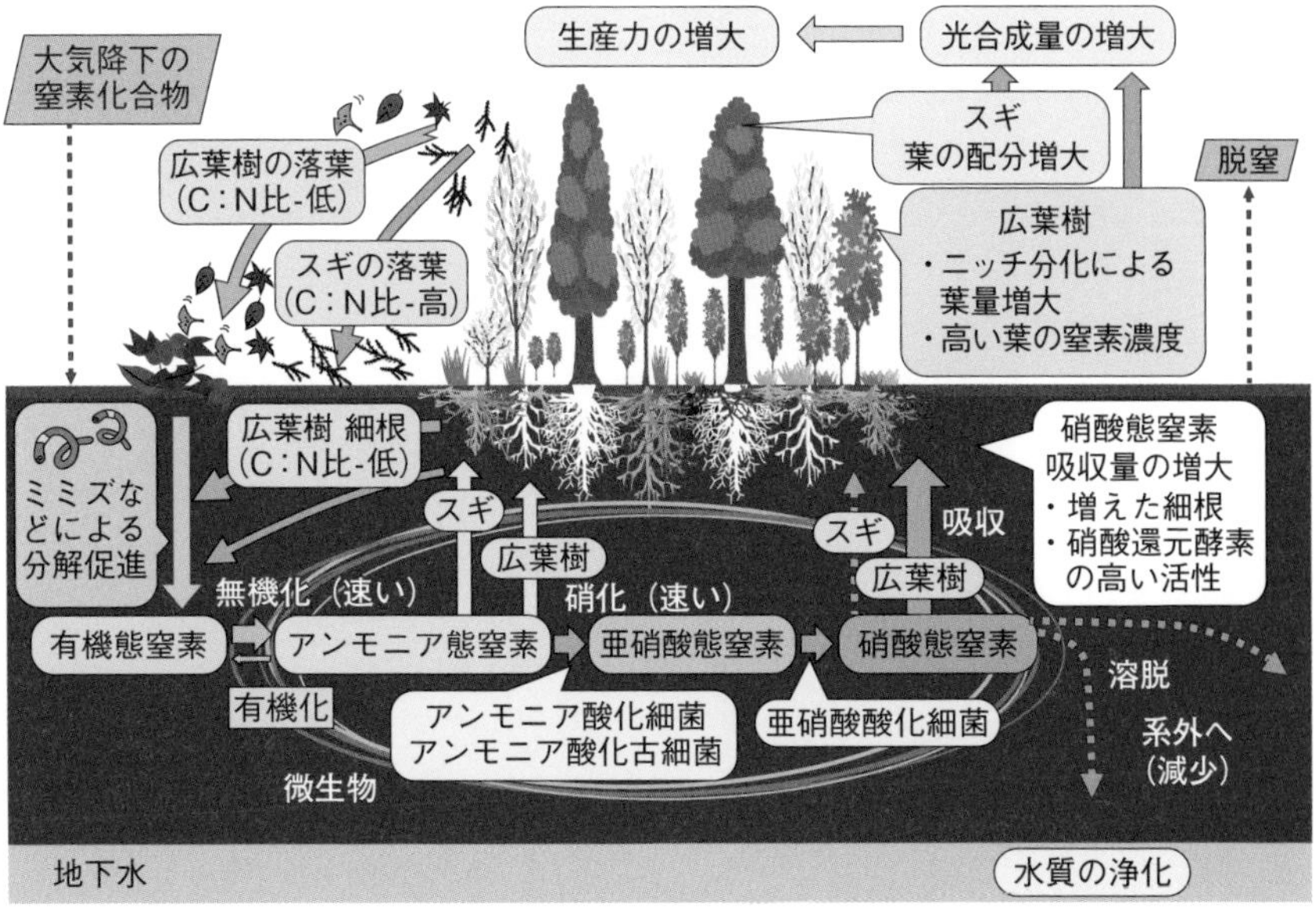

図3−5　広葉樹混交による窒素循環の改善がもたらす水質浄化と生産力の増大

豊饒の混交林——自己完結し持続する生態系

強度間伐区では無駄なく窒素が巡り始めている（図3−5）。広葉樹の混交が進むことによって、人間でいえば血液の循環がよくなり、本来の健康を取り戻している。林冠近くに達し始めた広葉樹は階層構造を作り始め、種間で棲み分け葉量を急激に増やす。秋になれば、窒素をたくさん含んだ柔らかい葉を地表に大量に落とす。それ以上に細根を発達させ、枯死した柔らかい根を供給する。広葉樹の落葉や剥離した細根はC：N比が低く、ミミズなどの土壌動物、そして土壌微生物にすぐに分解される。有機態の窒素はすばやく無機化されていく。さらにアンモニア態窒素はアンモニア酸化細菌やアンモニア酸化古細菌によって亜硝酸態窒素に、亜硝酸態窒素は亜硝酸態酸化細菌によって硝酸態窒素に〝硝化〟されていく。強度間伐区における硝化速度の速さをみると、広葉樹混交によって硝化を促す微生物が棲みやすく活動しやすい環境になっていることがわかる。そして大量の硝酸態窒素が土中に供給される。しかし、スギは硝酸態窒素をあまり利用できない。硝酸還元酵素活性が広葉樹よりかなり低いからだ。しかし、硝酸態窒素は無駄にならない。広葉樹が混じっているからだ。広葉樹は活性の高い硝酸還元酵素を葉や根で作り出し、硝酸態窒素を余すことなく吸い上げ利用することができる。吸い上げるための細い根はすでに十分に発達している。窒素を送る先の樹冠も階層構造が発達し始め、さらなる葉量の増加が見込まれ、大量の窒素の受け入れを待っている。

夏の初めの雨上がり、広葉樹たちは吸い上げた窒素を林冠に転流させ、ありあまる光を浴びている。できる限りの光合成をしているのだろう。スギたちも、スギ同士の無駄な競争から解放され林冠をゆったりと広げている。全身で光を浴び何かうれしそうだ。秋になれば、様々な広葉樹の落ち葉が林床を覆い、土中では大量の細根が剥離している。特に広葉樹は栄養豊富な有機物を地中に大盤振る舞いする。土壌のC：N比がますます低くなり、大量増殖した微生物たちは有機物の分解・無機化を進め、木々に答えている。混交林化した森では全体の生産力が年を追うごとにどんどんと向上していく。そして、森は前よりも豊かになり、陽の光のもとさらに輝き始めるのである。

混み合ったスギ人工林に広葉樹が混じり始めると窒素が行くべきところに無駄なく行きわたり森全体の活力が増してくる。その元気さの大きな推進力となるのが多様な樹種、様々な土壌動物や微生物たちである。多様な生き物達が良好な関係を築き始めるとそれぞれが利用できる窒素が増え、窒素は巡り始めるのである。窒素がうまく回り始めればしめたものだ。とどまることなく生産力が持続していくのである。スギの天然林には広葉樹が混じっているように、尚武沢でも本来のスギ林の姿を取り戻しつつある。つまり、スギ林は広葉樹の混交によって初めて持続的な木

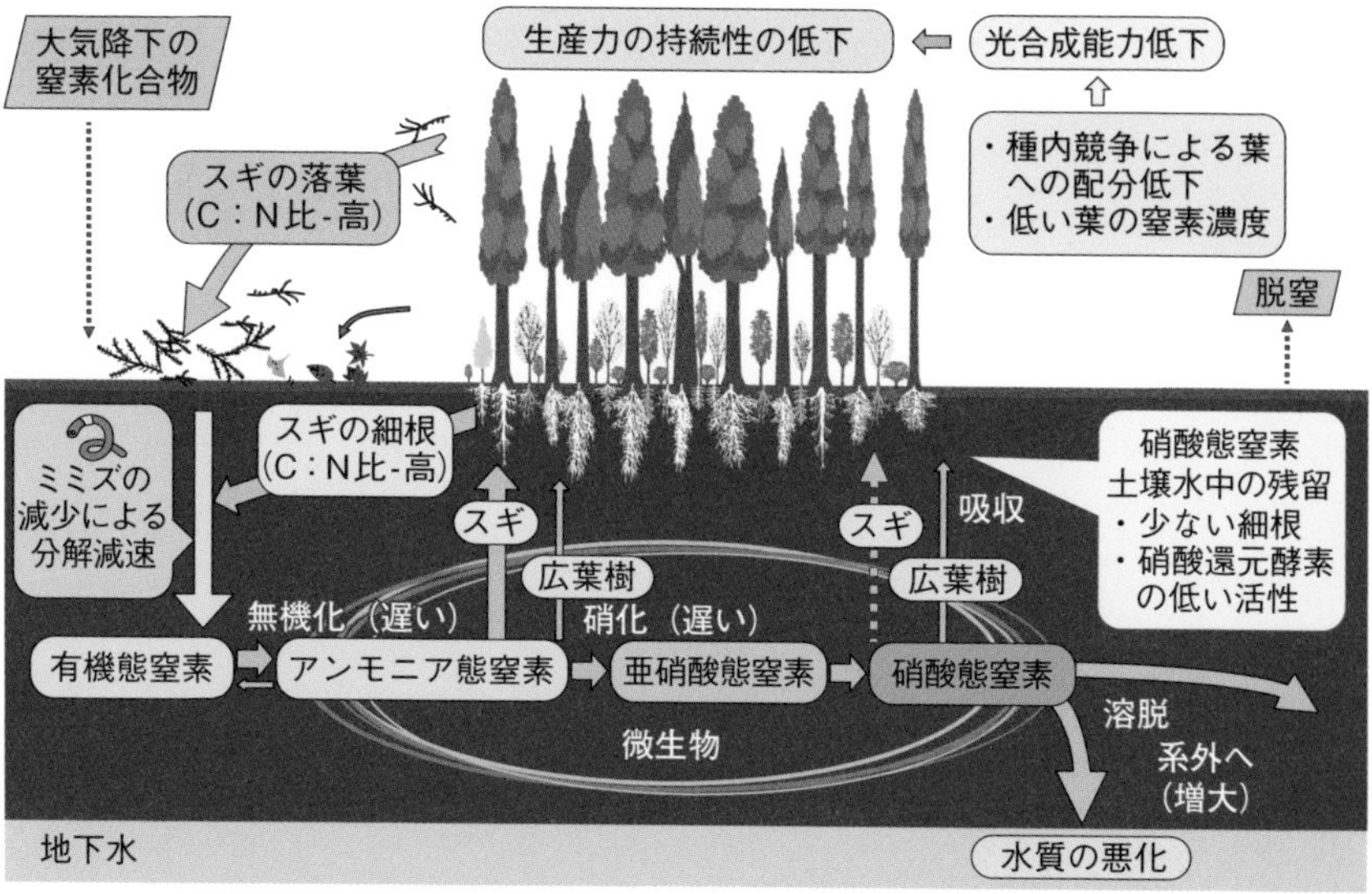

図3-6　弱度間伐を繰り返したスギ人工林における無駄の多い窒素循環と細る生産力

材生産が可能な〝本来の森〟になれるのである。

スギ単純林の貧困――負のスパイラル

弱度の間伐でも、定期的に行なえばスギ林はスッキリして見える。まっすぐな幹が立ち並び、林床には草本や灌木が見られ、所々、高木性の広葉樹もちらほら立っている。強度間伐をして広葉樹が鬱蒼と混じっているよりは整然とし、スギ生産工場といった見映えだ。いかにも森林認証にふさわしい。しかし、生産力が満ちているように見えるは地上部だけのようだ。地中を覗いてみるとそこには思いもかけず貧弱な生態系が広がっていたのである。弱度間伐区では窒素がうまく循環しない（図3-6）。系外にかなり放出されている。これは手入れを何もしない無間伐区とさほど変わりないことが特徴的だ。弱度間伐区では、林分当たりの材積や葉量は強度間伐よりはるかに多いが、そのほとんどがスギだ。スギは常緑なので落葉量は着葉量のほぼ5分の1程度に過ぎず、根系も驚くほど貧弱だ。その上、葉も根も硬くて窒素濃度も低い。土壌のC：N比は高くなり土壌動物や微生物たちにとってはあまり魅力がない。これでは、落ち葉や枯死した細根などの有機物の分解は遅れ放題になってしまう。有機態窒素の無機化も進まず、硝化も遅々として進まない。それに、少しずつ無機化された窒素も全部は利用されない。細根が未発達だからだ。広葉樹の根が少ないことが一番の理由だが、スギ同士の競争が厳しく根系全体の発達が抑えられたためでもあるだろう。それだけでない、スギは硝酸態窒素の利用が不得意だ。硝酸塩還元酵素の活性が広葉樹よりきわめて低いからである。せっかく無機化されても、移動性の高い硝酸態窒素は森林生態系の外に無駄に流れ出していくだけだ。河川へ流入し、もしそこが水源であれば水質の汚染につながる。湖沼に流れ込めば富栄養化が危惧される。さらに土壌の硝酸態窒素が過多になることで温室効果ガスである亜酸化窒素（N_2O）の生成量が増加することも知られている。地球温暖化の要因にもなりうるのである。

スギだけの単純林を維持し続けることは森自体の健全さを失うだけでない。周囲の環境に悪影響を及ぼし、それが次第に蓄積され深刻化していく。心ならずも混み合ったスギたちは、枯れ上がった小さな樹冠に幾許かの窒素を吸い上げて細々とそれもゆっくりと光合成をする。それでも葉が長寿命なので大量の葉を保持でき、総生産量はそこそこ高い。しかし、そこに、のびやかな本来のスギの姿はない。栄養の少ない硬い落ち葉は未分解のまま林床に厚く堆積していく。魅力のないエサにいつの間にかミミズはいなくなり、土壌窒素の無機化や硝化を推し進める微生物たちもあまり住まなくなっていた。他の生き物がいない地下には無骨なスギの太い根が少ないアンモニア態窒素を奪い合っている。もうすでに負のスパイラルが起きている。スギ林の地下は前の年よりもますます侘しくなっているようだ。まるで、ニワトリが一列に並んだ狭いケージに押し込められているように、個々のスギたちも、人が無理やり作った狭い空間に押しこめられているように見える。

弱度間伐が合理的なのは短期的に見た地上部の幹生産だけだ。慣行的な密度管理を続けていっても地下の生態系はしだいに貧弱の度を増し、やがて生産の持続性は保証されなくなるだろう。長い進化の過程で作り上げられた生態系は精妙にして頑健である。それに比べ、発展途上の科学技術で作られた戦後のスギ林業は短期的な経済信仰にまだ囚われている。幹の成長しか見ていないのである。地球環境に配慮した、本当の持続的な生産を目指すならば地上部だけ見ていても、本当の姿は見えてこないのである。地下部の根や微生物、そして本来、共存していたはずの広葉樹たちが支えていることをこの尚武沢試験地は身をもって教えてくれている。

森林の成熟には長い時間を必要とする。森は地上だけでなく地下も成熟することによって完成されていく。しかし、ほとんどの樹木は人工林でも天然林でも人間の手にかかって人間より早く死んでいく。個々の木々も森林自体も成熟する前にリセットされてしまう。しかし、樹木本来の寿命は人間よりは遥かに長い。そして構成する樹種は長い時間をかけてゆっくりと置き換わりながら森は成熟していく。人間の時間尺度では測りきれない〝森の時間〟がある。その時間をわれわれはせっかちに切り刻んできた。これからは気長に森の成熟を保証しなければならない。それは、われわれ人類が生き延びるためでもあるのだ。

4章

洪水や渇水を防ぐ

雨はほしい時には降らない。畑は固く干上がり、水をやらないと野菜が枯れる。川も細りダムの底が覗く。川下では給水制限で不便な日々を送ることになる。水がとても大事に思える時だ。一方、もう要らないと思っても毎日雨が降り続く。こんなことは毎年のようにある。とくに近年は豪雨が続く。川の水位が上がり、堤防が決壊しないかおびえながら暮らすことになる。このような、雨不足や豪雨の繰り返しに翻弄されながら、今でも人間は日々の生活を送っている。極端な豪雨や渇水などは地球規模の気候変動によるものなのだろう。しかし、地球規模の気候変動だけでなく身近な気象災害にも人為がかなり関わっていることは多い。人間が改変した森林が本来の機能を無くしたことが、根本的な、そして大きな要因となっていることを尚武沢試験地は訴え始めている。自然を大きく改変した現代人は、身近な自然の変化に無頓着ではいられない時代に生きているのである。

水源涵養機能が比較できる試験地

森があれば日照りや豪雨の緩衝材となる。よく言われることだ。森があると旱魃や洪水を防いでくれる。大雑把にはそうだろう。しかし、どんな森がより強力な緩衝材となるのかは、あまりよくわかっていない。〝自然が長年作り上げた天然林の方が人工的に造られた林よりは洪水や渇水を低減する機能、いわゆる水源涵養機能が高いだろう〟。長年言われ続けてきたことでもある。本当だろうか？　もし、そうならスギ人工林より、広葉樹の混交したスギ人工林の方が高いだろう。

しかし、森林どうしを比較するのは難しい。火山灰が降り積もった所と粘土が堆積している所では比較できない。それに少しでも地形（斜面の位置、傾斜、凹凸など）が異なると土性（粒径分布）、土壌水分などの条件が大きく異なり、水源涵養機能を大きく左右する。さらに土地利用の履歴や林齢、樹種構成など林分の属性が違っても比較することは難しい。どの要因が一番効いているのかがわからなくなるからだ。しかし、序章でも述べたように、尚武沢試験地は、地形、土壌条件、林齢、履歴が全く同じで、広葉樹の種組成もほぼ同じだ。種多様性と広葉樹の大きさだけが異なる。そして3回反復していて、環境のバラツキを減らせる。混交林化が水源涵養機能に及ぼす影響を野外環境で調べるにはうってつけの試験地である。そこで、洪水や渇水を低減する土壌の能力、つまり水が土中に浸透しやすいかどうかといった能力を間伐区間で比較することにした。さっそく、ポスドクの國井大輔くんと尚武沢試験地に向かった。國井くんの地道な調査は、広葉樹の混交が単純林よりも水浸透能が高いこと、そしてその理由は、やはり地下に隠されていることを明らかにした。

図4–2　土壌を調査する國井大輔くん

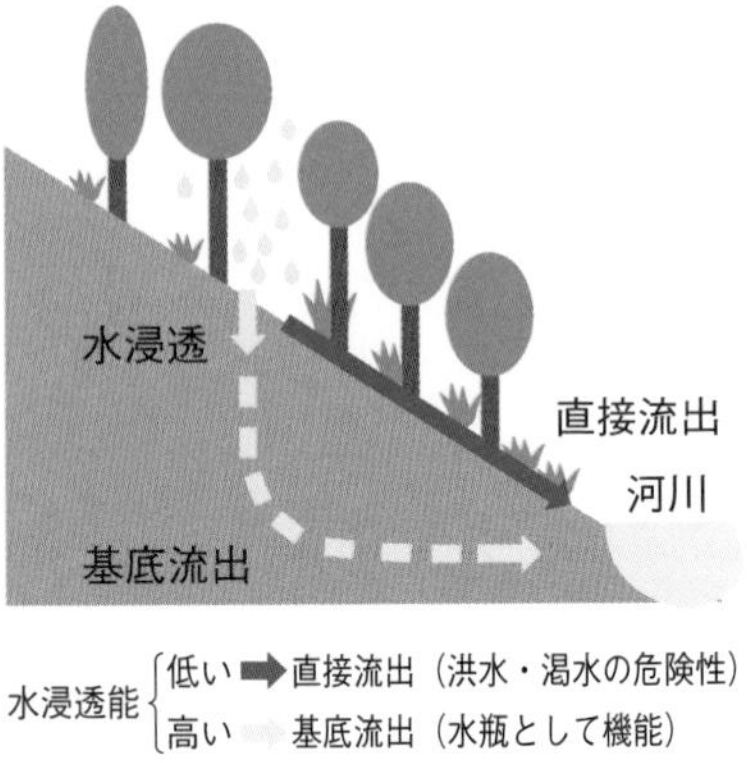

図4–1　水の行方と洪水の可能性

広葉樹が混交すると土壌に水が浸みこむ

森林に雨が降った後、雨水がそのまま地表面を流れ去ってしまうと河川にすぐに流入し洪水が起こりやすい（図4-1）。しかし、いったん土壌中へ浸透していくと土中を長い時間をかけて透水していくので急激な洪水は起きにくい。同様に日照りが続いても渇水は起きにくい。雨水が地表面を横方向に流れ去るか、垂直方向に土中に向かうか、その方向性を決めるのは土壌の水利特性である。その中でも特に重要なのが〝水浸透能〟であると言われている。水が土壌に浸透しやすいか、どうか、という指標である。水が浸透しやすい土壌では水の利用可能性を増大させ、土壌侵食を軽減し、人々の生活を守ってくれる。逆に水浸透性の低い土壌では生命を脅かす洪水や渇水を引き起こしやすい。混交林化は水浸透能を改善するのだろうか。

森林の地表面の土壌へ水がどれくらい浸透しやすいかを調べるために、まず踏み荒らされていない場所を探した。そして、落ち葉や腐植などを除いて、表層（A層）の土壌を採取した（図4-2）。その土を真下式土壌透水性試験器という試験器に入れて水の透水速度を測定した。その結果、強度間伐区だけが突出して速いことがわかった（図4-3）。無間伐区より弱度間伐区が少し透水速度が速いように見えるが、統計的には変わりなかった。この結

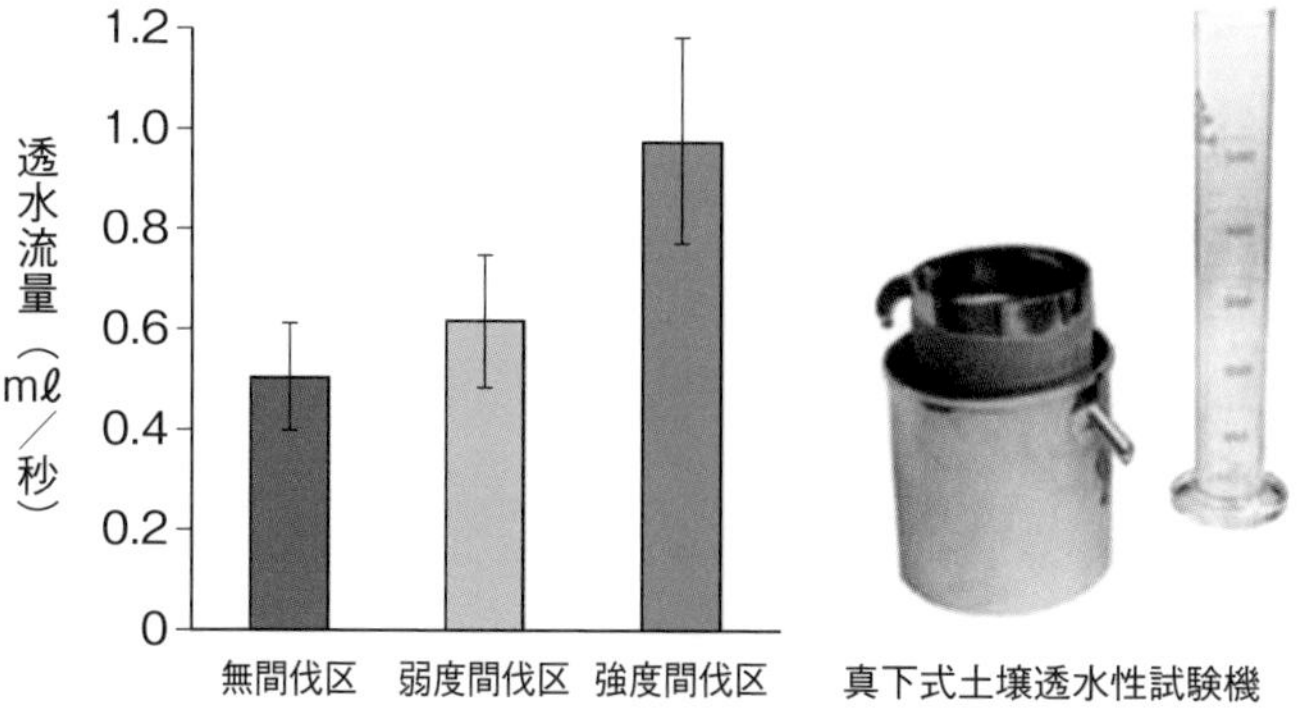

図4-3　水浸透能（表層土壌の透水流量）（Seiwa *et al.* 2021b）

果もまた驚くべきことである。間伐しても弱度では浸透能があまり改善されず、強度間伐区だけで透水する速度が速くなったのだ。なぜだろう。その仕組みはやはり目に見えない地下にあったのだ。

広葉樹の落ち葉に群がるミミズ

土の中には様々な大きさの空隙がある。水浸透能力は、その中でもマクロポアと言われる粗孔隙（75㎛以上の大きな空洞）を通る水の流れによって強められる。粗孔隙は水や空気の通り道である（図4-4）。土壌のひび割れや亀裂、それに植物の根の痕跡、ミミズなどの土壌動物が動いた跡など植物や動物によって作られる。尚武沢試験地では各間伐区の地形、土性はほぼ同じなので、ひび割れや亀裂などで粗孔隙が起きる程度は同じだと思われる。したがって、間伐強度による水浸透能力の違いは、基本的に生物的な作用が引き起こしている。つまり、強度間伐で広葉樹や草本が飛躍的に増えたことが起点となり、土中環境は激変し始めたのである。

すでに見てきたように、強度に間伐をすると多くの広葉樹種が混交し、林床では草本や灌木類など下層植生が一気に繁茂し始める。さらに、それらが階層構造を創ることによって広葉樹の葉量や細根量が飛躍的に増える。したがって、C：N比の低い（窒素濃度の高い）落ち葉や脱落・剥離した細根が大量に林床や土中に供給される（図4-5）。これらはミミズ

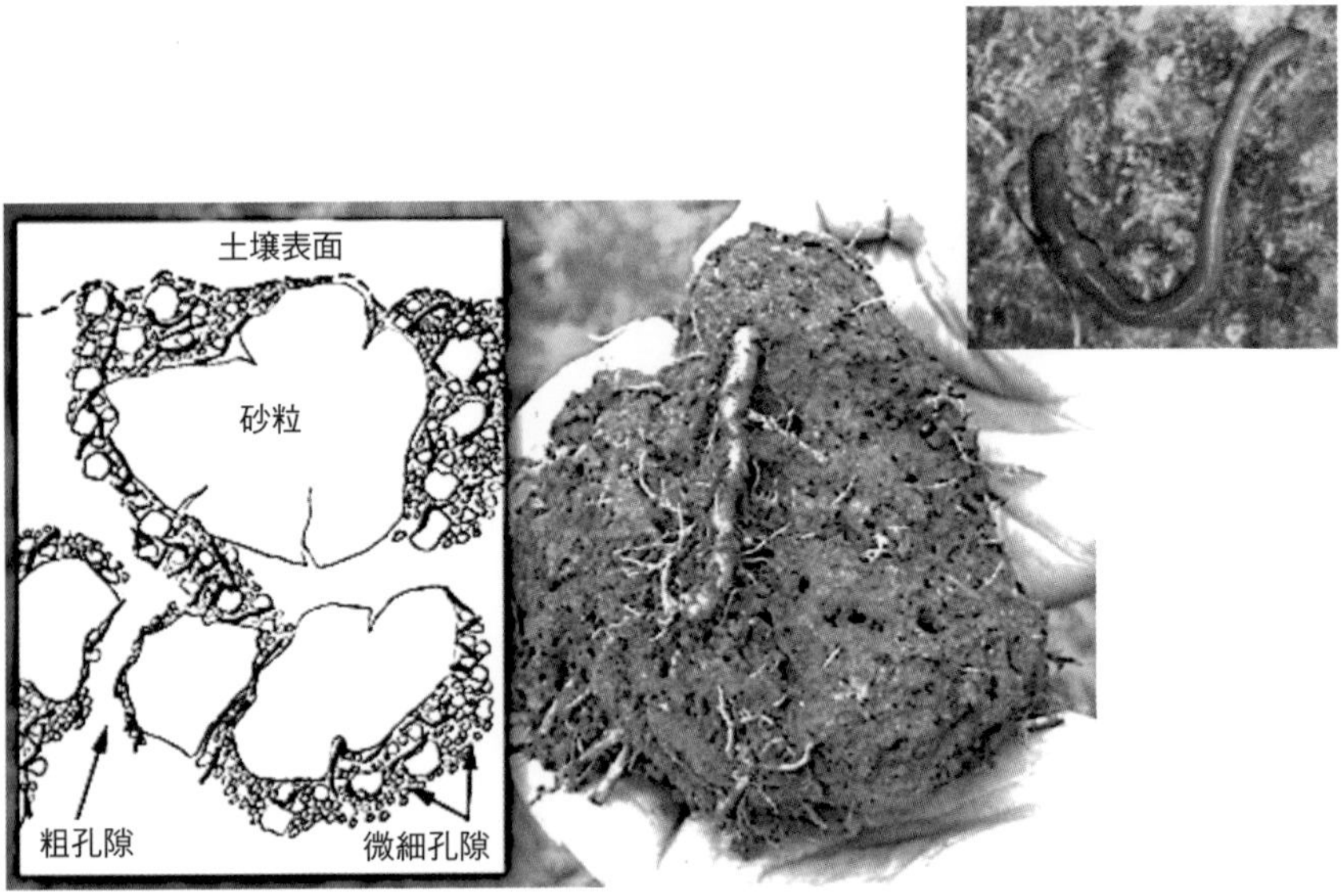

図4-4　ミミズなどの行動や根の痕跡などでできる粗孔隙（マクロポア）
水や空気の通り道となる（米国農務省天然資源保全局のホームページ（www.nrcs.usda.gov/Internet/.../nrcs142p2_053261.pdf）より）

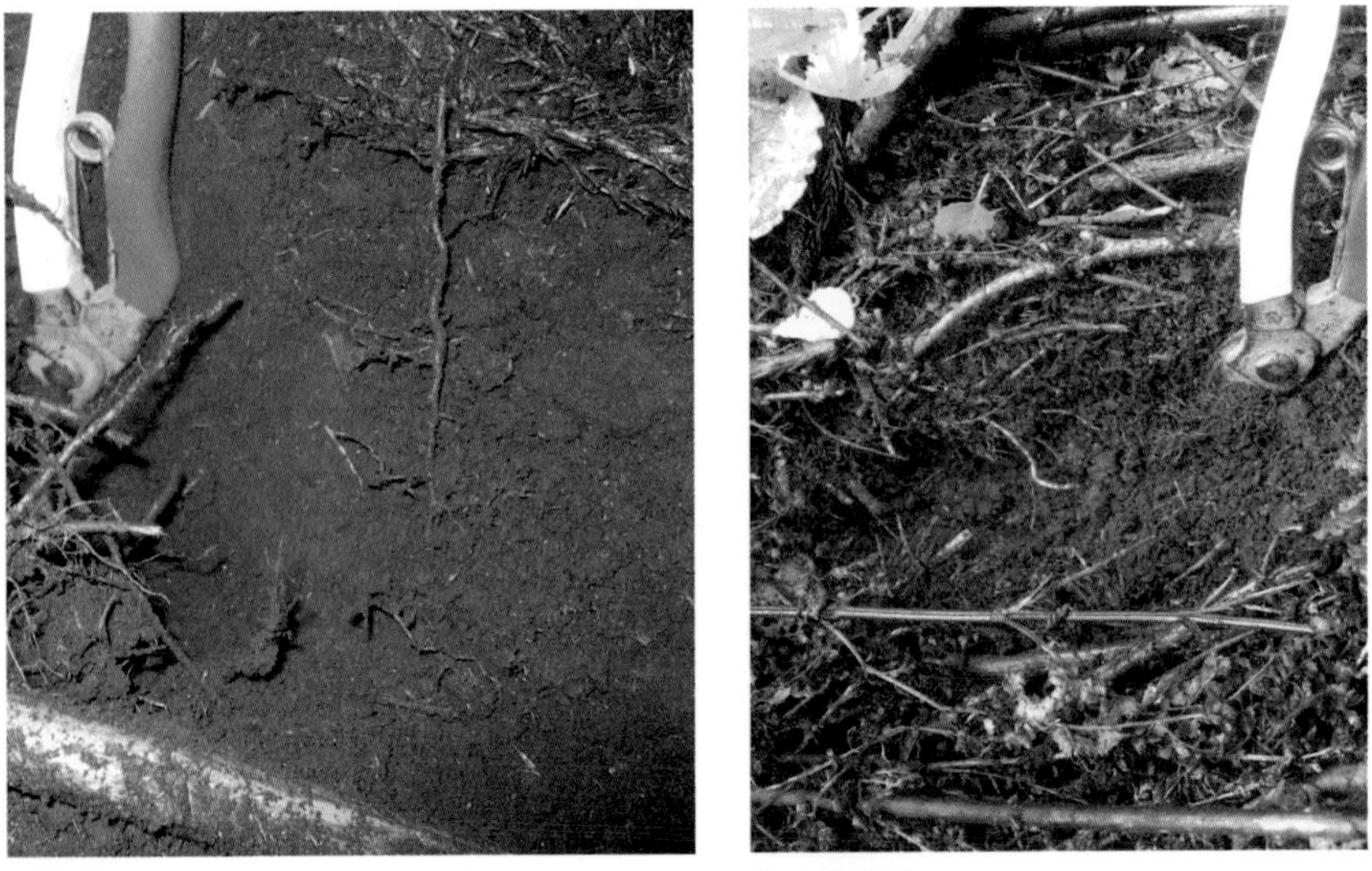

無間伐区　強度間伐区

図4-5　無間伐区と強度間伐区の土壌の表層

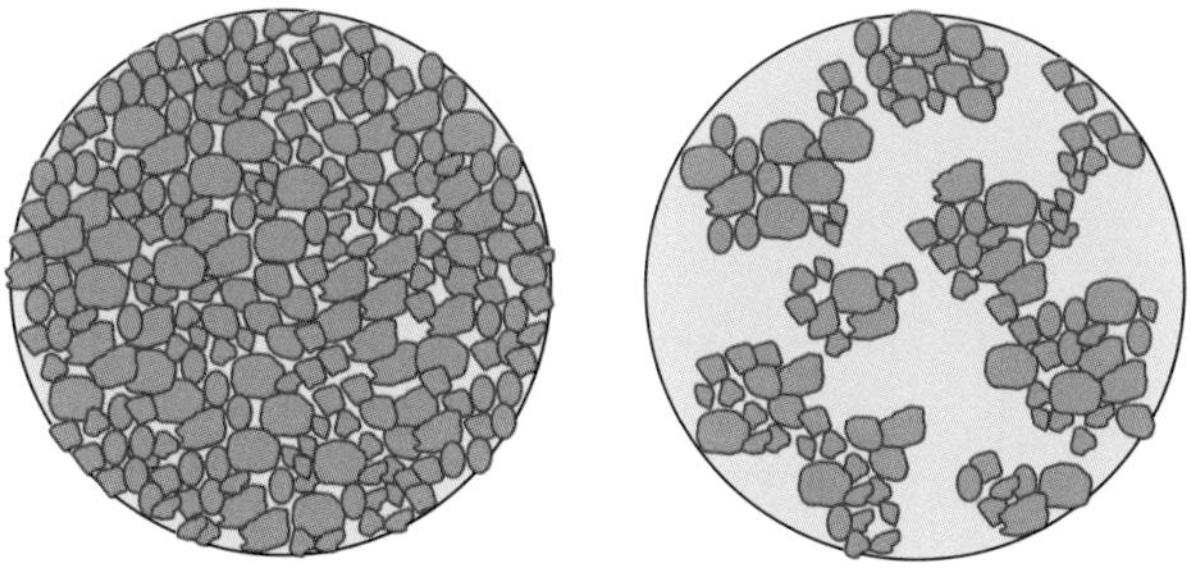

図4-6　排水性や通気性のよい団粒構造の土

の大好物である。スギ林の落葉の中や土中ではあまり見られなかったミミズが、広葉樹の落葉が増えるにつれに増加するようになる。ミミズの生息数が増えると土壌の空隙率が上がることはよく知られている。空隙率が増えるのは、ミミズたちが土壌に団粒構造を作るからでもある。団粒構造とは土壌粒子が相互にくっつき合って、団粒を作っている状態を指す（図4-6）。団粒化することで土壌の孔隙率は増え、団粒内部の狭い孔隙に毛管水を保持できる。同時に団粒外の大きな孔隙は排水性や通気性を高めるのである。保水性と排水性という相反する機能を併せ持つのが団粒構造である。その結果、雨水は土中に浸透しやすくなったのである。雨が降っても、土に弾かれた雨水が斜面をすぐに下って川を急激に増水させることを抑えるのである。図4-7は水浸透能に関わる要因間の関係を示した共分散構造解析である。岩手大学の真坂一彦さんと一緒に要因間の因果関係を何度も検討し直しながら計算した結果である。興味深いのは、水浸透能の改善は、広葉樹の混交による広葉樹の種多様性の増加や下層植生の繁茂が起点となっているということである。さらに、それらがミミズなどの土壌動物を増やし、土中に多くの空隙を開けることによって水浸透能が改善されるといった生き物同士のつながりの重要性を示しているのである。多くの生物がつながって初めて、森林生態系は力を増すことがまた明らかになったのである。

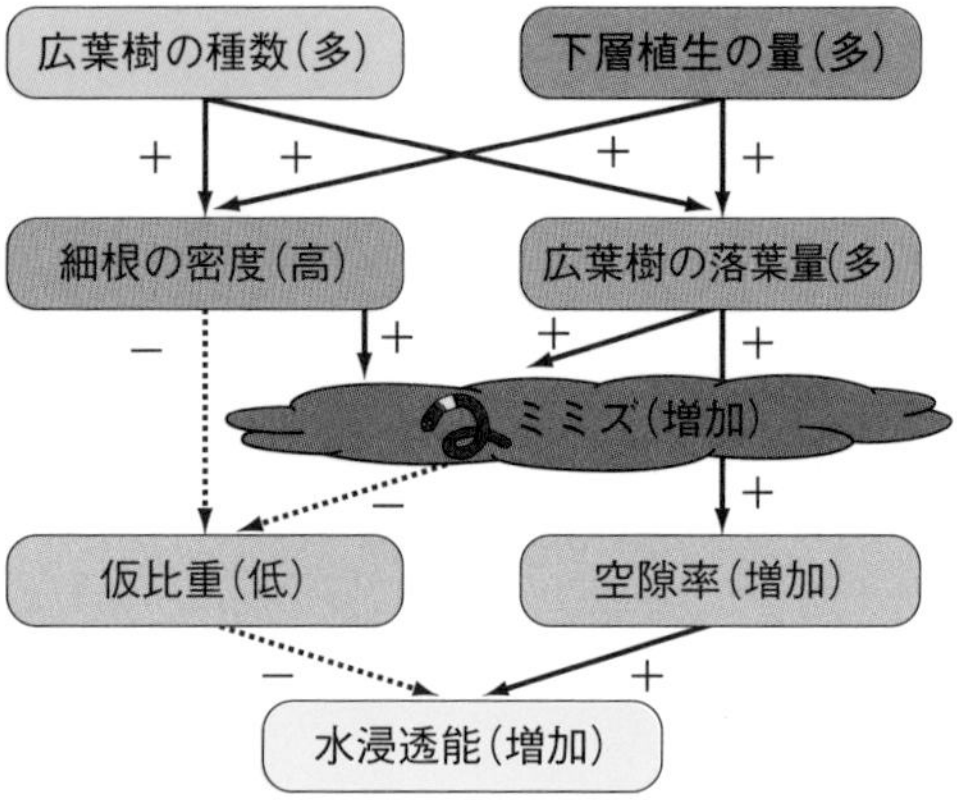

図4-7　広葉樹の種数と下層植生の量が水浸透能を決定する過程（Seiwa *et al.* 2021bの共分散構造解析に加筆・簡略化）

細根が作る空洞

細根が増えて水浸透能力増加するもう一つの理由は、根の乾燥や枯死などに由来する粗孔隙である。根は木質化するので根由来の炭素は葉由来の炭素に比べて土壌中に長い時間留まる。これは土壌の団粒構造を安定させる効果があると言われている。また、広葉樹や草本はスギよりも葉の寿命が短い。葉と同じ資源獲得器官である細根の寿命も短いと考えられる。細根が生まれては死ぬ、というサイクルが短く、つまり細根の回転率が増加するため、根由来の炭素の土壌への投入量が増加すると予想される。そのため、細根の密度が高ければ、土壌中の根由来の炭素レベルが高まり、土壌の団粒構造も発達すると考えられる。したがって、混交林化し、細根の密度が高くなると、土壌の仮比重（土の乾燥重量を、その体積で割った値）が低下し、その結果、水浸透率が高まるという経路も存在するのである（図4-7）。この経路は、牧草地、耕作放棄地、農地、都市部など幅広い生態系においても、近年多くの報告が見られている。森林でも地下部の充実がまず大事なのである。

このように植生の種多様性や豊富さが土壌の水理特性を改善することは草地生態系ではよく知られていたが、森林でも同じであることが尚武沢試験地で明らかになったのである。

生き物たちが作り上げる水源涵養機能

日本の森林の40%はスギ、ヒノキなどの針葉樹人工林である。混み合ったヒノキ林の林床には草も生えない。シダも少ない。天然林と比べると森とは言えない荒涼とした風景である。林床には未分解のヒノキの針葉が堆積している。ヒノキ林に雨が降ってもすぐには頭を濡らさない。雨はいったん林冠に溜まり、枝葉の先から滴り落ちてくる。ポタポタと落ちる雨滴は一見風情があるが、そんな悠長なものではない。落下した雨滴は大きな運動エネルギーで土壌表面を破壊するのである。大きなエネルギーを帯びて落下した雨滴は土壌の団粒構造を破壊する。すると表面の土壌の空隙は充填され、水を弾き始める。雨水は地中に吸い込まれることなく、地表面を流れ落ちるようになる。すぐに河川は増水し、林があってもダムの効果を果たさないのである。しかし、間伐をするとすぐに低木や草本が生えてくる。湿ったところではシダもビッシリと生えてくる。これらが、地表面が見えないほど繁茂すると雨滴を遮り、土壌の団粒構造を守ってくれる。雨水は地中に吸い込まれるようになり、かなりの時間を置いてから河川に流れ出す。だから間伐をしている林分では水源涵養機能も回復すると考えられている。このような考えは、かなり浸透している。多くの林業指南書には、人工林では絶えず間伐をして下層植生を維持しなさいと書かれているのは、そのためである。

しかし、尚武沢試験地は弱度間伐でも強度間伐でも下層植生が発達している。土壌を被覆している割合は変わらない。これは、下層植生による雨滴の運動エネルギーの軽減の程度は間伐強度にかかわらず同じであることを意味する。しかし、強度間伐区の方が圧倒的に土壌中への水浸透能力が高い。つまり、洪水や渇水を防ぐには、弱度の間伐を繰り返し下層植生を維持するよりも強度に間伐し、広葉樹との混交林にした方が圧倒的によいことを示している。弱度間伐で下層植生を繁茂させるだけではスギ人工林の水源涵養機能は少ししか回復しないのである。本来のスギ林である針広混交林を取り戻すこと、すなわち、多様な生物間のネットワーク、特に地上と地下を結ぶネットワークを取り戻すことによって初めて森林本来の水源涵養機能を取り戻すことができるのである。

これからは、家の裏のスギ林やヒノキ林がどの程度水を浸透させやすいのか、知っておいてもよいだろう。多様な広葉樹が混交し、それも大きく成長していれば、そしてふかふかな土壌にミミズがたくさん見られれば少し安心できるだろう。

5章

クマを山に留める——足ることを知らしめる

クマたちはふだん奥地の天然林でのんびり過ごしている。しかし、秋には冬眠するためにエサを求めて活発に歩き回る。特にブナやミズナラなどの堅果類が不作、凶作の時はエサを求めて広い範囲を歩き回る。エサがないスギやヒノキの人工林を通り過ぎ、自ずとエサの多い人里近い畑に降りてくる。そして射殺される。こんなことをもう数十年も繰り返している。根本的な対策もないまま、対症療法を繰り返している。クマのエサの乏しいスギ林やヒノキ林、トドマツ林、それにカラマツ林といった針葉樹は奥地まで広がっているが、どちらかというと便利な山里の集落近くに集中している。もし、山里に広がる膨大な面積の針葉樹人工林を広葉樹との混交林にして、エサとなる果実が稔るようになれば、クマの行動はどう変わるだろう。混交林化によってクマをギリギリ山に押し留めることはできないだろうか。そんなデータはないが、どうなるか推測してみたい。

混交林化し始めるとケモノたちがスギ林に入ってくる

尚武沢の強度間伐区では初回間伐直後、侵入した広葉樹の樹高成長が一時停滞した。雪の上に出た新芽をウサギとカモシカが食べ始めたのである。特にヤマグワの新芽はよく食べられていた。同様のことが秋田でも見られている。大館市にスギ人工林に広葉樹を導入するため様々な間伐（群状、列状、点状）を行なった試験地がある（7章コラム7-2参照）。この試験地にセンサーカメラを設置し動物撮影を行なったところ、伐採後4～5年目にウサギ、カモシカに加えクマの撮影個体数が増えたことを報告している。動物の出現数の最も多い所は、広葉樹の更新が最もよい列状間伐区であった。尚武沢の強度間伐区では初回間伐直後にモミジイチゴとクマイチゴが繁茂したので、目撃はしていないが、クマも果実めあてに来ていたと思われる。リタートラップや水質調査器具の破損状態からクマがうろついていたのは間違いない。このようにスギ人工林で様々な広葉樹が成長し始めるとすぐにクマをはじめとする様々な獣たちが食べ物を求めてやってくる。獣たちは森の変化にすぐに気づくようだ。自分たちの生活圏なのだから当然のことなのだ。しかし、秋田の試験地では、その後個体数は減少したという。たぶん、イチゴ類が衰退し広葉樹も高く伸び、獣たちが届く高さを超えてしまったからだろう。いったん消えたかのような獣はまた戻ってくるのだろうか。

❖種の多様性で生き延びる——最低限の果実を確保する

強度間伐区でも広葉樹はまだ林冠に到達していないが、しばらくすれば花を咲かせるだろう。そうなればミツバチをはじめたくさんの昆虫たちが花粉や蜜を求めやってくるだろう。そして果実が稔れば鳥たちもすぐにやってくる。クマたちも目ざとく見つけスギ林に戻ってくることは間違いない。毎年太り続け大きくなる広葉樹に目を細めることだろう。夏はヤマザクラ、ウワミズ

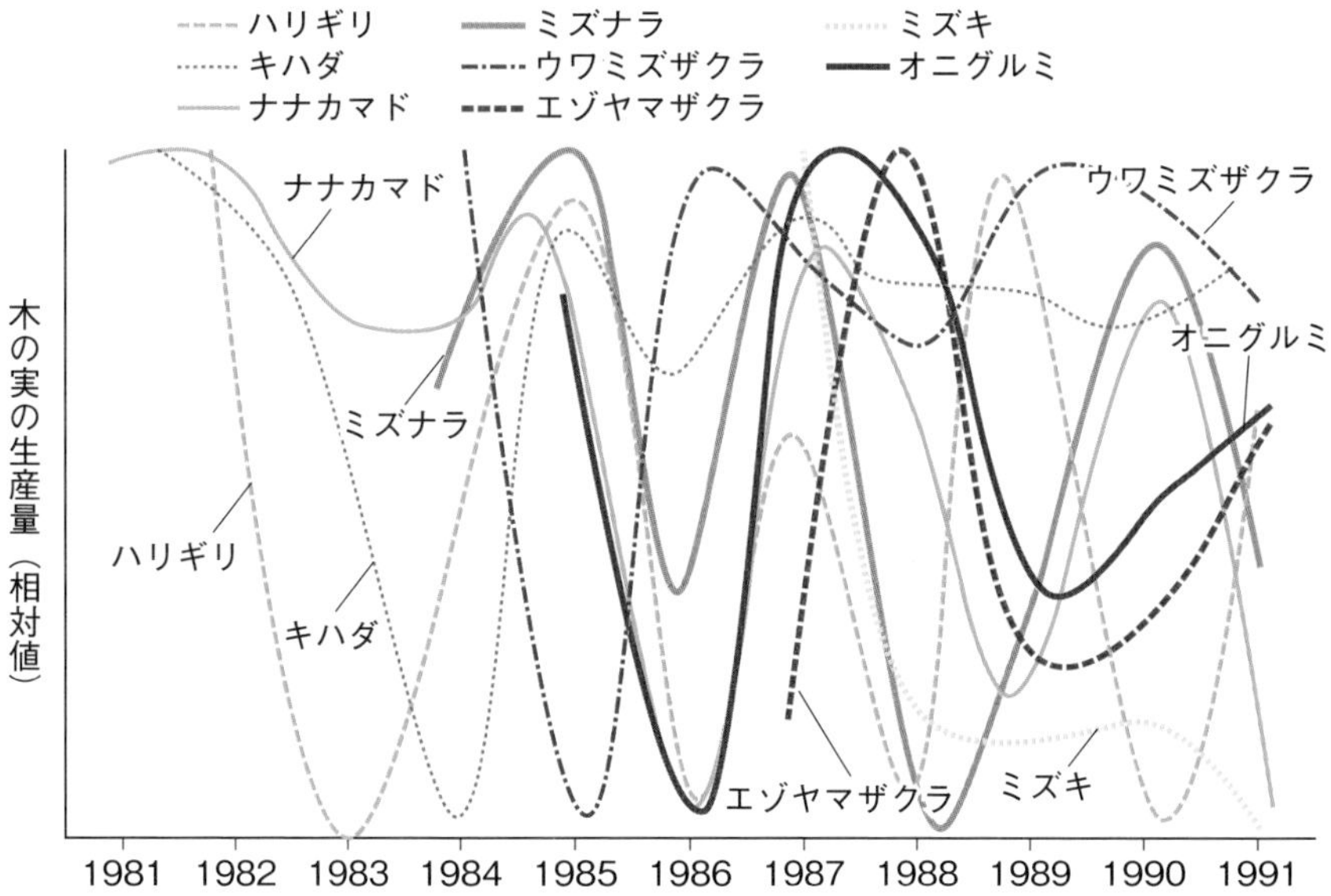

図5-1　樹種ごとの木の実の豊凶パターン（水井 1993より描く）
種子生産量の最大年を100とした相対値を示した

ザクラ、カスミザクラ、シウリザクラ、ヤマグワが甘いジューシーな果実を提供する。秋になれば、待ちに待った堅果が実り始める。しかし、クマたちにとって越冬や出産、子育てに必要なブナやミズナラなどは豊凶の変動が激しい。不作が続くこともある。凶作の年には全くと言っていいほど充実した果実が落ちてこない。しかし、混交林化したスギ林にトチノキがあればほぼ2年に1回ほどは豊作になる。クリがあればほぼ毎年堅果が実る。さらに、多様な樹種が見られれば、何かしら豊作となる樹種が見られるだろう（図5-1）。それぞれ樹種ごとに種固有の豊凶パターンを持つので、たとえ、いくつかの樹種が不作でも他の種が豊作で補ってくれるからだ。

今から数年前、ブナもミズナラもトチノキも全て不作な年があった。ただ、クリだけが豊作だった。クマは来ているだろうか。奥地林にクリの巨木を見に行った。ゆるい斜面に直径60～

図5–2　クリの大木の下で見られたクマの糞（左）とクマが中身をきれいにえぐって食べたクリの堅果(右)

１００cmほどのクリの大木が立ち並んでいる。近づくにつれ饐えた臭いが漂ってきた。大木の下には折られたクリの枝が積み重なり、その間にはクマの糞が大量に落ちていた（図５–２）。もし、スギ林内にクリがたくさんあれば、クマたちはスギ林内に留まるかもしれない。クリもたくさんの果実をつけない年もある。それでも、混交林化したら、キハダ、ハリギリ、アズキナシも実をつける。オオウラジロノキもあれば林縁にはズミもある。サルナシもヤマブドウ、マタタビ、アケビもたわわに実る。人工林は広大だ。人家近くにも見渡す限り広がっている。そこで混交林化を図れば、たくさんの樹種が交じり合うので、その中の何かしらの樹種が果実を稔らすだろう。まずはクリが更新してきたら早く大きくする。ミズナラ、ブナ、コナラも保育して太らすことによってクマを山に留め置くことができるかもしれない。秋にたらふく食えれば、町に出る必要は一切ないだろう。しかし、デントコーンや柿の味を覚えたクマはやはり、〝足ることを知らない〟。その時は、怖い思いをさせればよい。それでも出てくるようなら撃って〝喰う〟しかないだろう。そうしているうちに出てこなくなるだろう。それには、やはりクマのエサとなる木々を元どおり山に戻しておく

図5-3　山に広葉樹を植える人たち（三重県大台町）
清流、宮川が流れるきれいな町だ。ただ、谷沿いの集落から山のてっぺんまで見渡す限りスギ、ヒノキが植えてある。サルやイノシシ、シカの被害に悩まされている女性たちが立ち上がった。子供の頃は山の上半分は雑木の山だった。もう一度、昔の山を取り戻そう。山から様々な樹種のタネを集めて養苗し、スギ、ヒノキ林の合間に広葉樹林を作っている

必要がある。われわれは、日本の森林の41％、1020万haもの森を針葉樹人工林に変えた。もともとは野生動物の棲み処だった場所で、エサを取り上げてしまったのである。少なくとも、広葉樹を混ぜることによって少しだけの食料を戻すことは人間としての最低限の義務である。同じ星に生きる生き物としての仁義でもある（図5-3）。混交林化は動物の行動にすぐに影響するだろう。1000万haの森が混交林化したら、各地のクマ個体群は一時的に大きく増加するだろうが、いずれ落ち着くのではないだろうか。混交林化の影響はやってみないとわからないが、野生動物の管理の仕方を根本から考え直すことにつながるだろう。クマたちが足ることを知る前に、まず人間が足ることを知らなければならない。

巨木があれば冬眠できる

デントコーンなどの味を覚えたクマは少しぐらい危険でもズル賢くやってくる。しかし、度重なる危険を冒してまでは里や町に降りては来なくなるだろう。それは、山の中に太いクリの木やナラの木があり冬眠できるほどのエサがあれば、の話である。太い木ほどたくさんの堅果（ドングリ）をつけることが知られている。アメリカのいくつかのナラ類では木の太さ（胸高断面積）が大きくなると、樹冠面積も広くなり、たくさんのドングリをつける。それだけでない、胸高断面積当たりのドングリ生産量が増加する傾向が見られている（図5-4）。これは、太さが増加する以上の割合でドングリの量が増加することを示している。別の見方をすれば、若い林に小さな木がいっぱいあるより大きな巨木1本ある方がドングリの量が多いことを示唆している（図5-5）。動物たちにとってはやはり太い木の方がありがたいのである（コラム5-1）。巨木はたくさんのドングリを生産するだけではない。様々な哺乳動物や鳥類を養う。またウロのある木はクマやヤマネなどに営巣場所を、立ち枯れした木はキツツキ類に採餌場所を提供する。森の木々は野生の生物のためにも存在しているのだ。

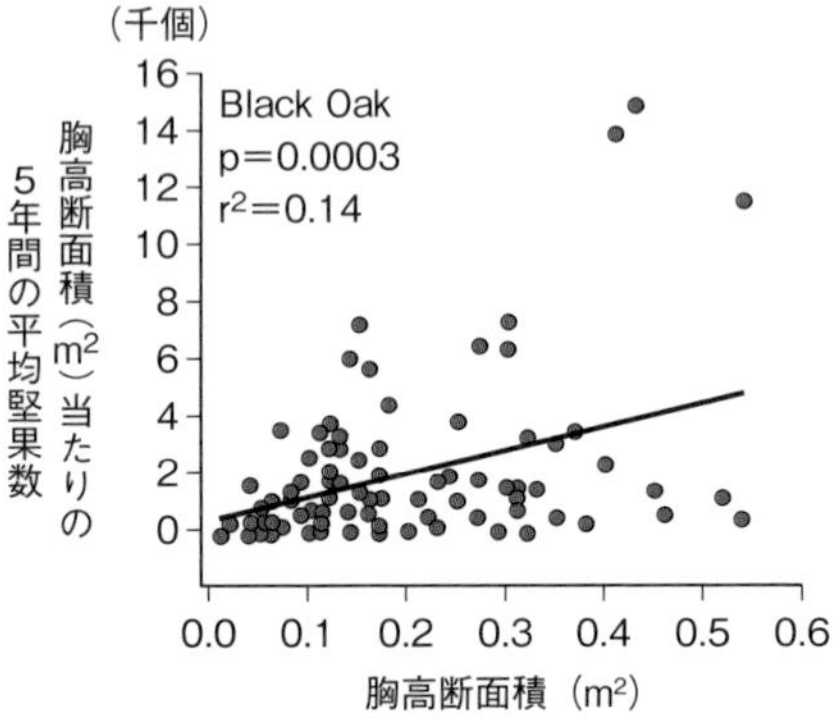

図5-4　アメリカのブラックオーク（黒樫）の胸高断面積と胸高断面積当たりの堅果生産量との関係（Greenberg 2000）

Ⅰ部では、スギ人工林に広葉樹を混交させることによって森林生態系が本来持つ力を蘇らせることを知った。混交林は、周辺の山里はもちろん地球という惑星に住む人々の生活を長く健やかなものしてくれるだろう。では、どのように、どのような混交林を造っていけばよいのかをⅡ部で見ていきたい。健康な生活を続けていくことと林業生産を持続させることは、矛盾するものではないのでる。

図5-5　天然林で見られたコナラの巨木
胸高直径が137cmある。若い二次林で見慣れたコナラよりかなり太い。コナラもこんなに太くなるのである。拡大造林前の奥地林ではこの程度のコナラやミズナラはたくさん見られただろう。そう遠くない昔、コナラたちがたくさんの堅果をクマたちに与えていた時代があったのだ。このような巨木を取り戻すには、これからどれくらいの時間が要るのだろう

コラム5-1 巨木とクマと猟師――昼なお暗い遠野の森

東北の原生林を知る遠野の鈴木廣志さんに2019年にお話をうかがう機会があった。地元のNPOの方に紹介していただいた。奥地の集落の神社脇の建物で89歳の古老は、ポツポツと話し始めた。その内容は初めは信じられないようなものだった。「山に入ると、当時は通直な太い木が多かった。大人が5、6人で手をつなげてやっと幹を囲めるようなクリがあった。ミズナラはもっと太かった。大人が7、8人手をつなげて幹を囲むほどのものがたくさんあった」。何人かの学生とともにうかがったが、にわかには信じられなかったので、何べんも確認した。それでも「間違いない」ときっぱりおっしゃっていた。「森の中は昼でもとにかく暗かった。今でも直径70～80㎝ほどの木々が残る森はあるが、比べものにならないほど鬱蒼として暗かった。細い木や灌木、ササもほとんどなく森の中はすっきりとしていた。太い木は互いに離れて立っていたが、所によっては太い木がまとまっているところもあった」。「クマは里には一切出てこなかった。猟師が多かったからだろう。山奥でたまに会うくらいだった」。その後、鈴木さんは営林署の仕事をした。どこに太い木があるのか、山の案内をした、という。「伐採は早い者勝ちで太くて通直なものから伐った。昔は鋸と斧で伐ったが、チェンソーが入り始めた昭和30年くらいから一気に伐採は進んだように思える」。今さら、注釈するまでもない。クマたちは巨木の伐採でエサを奪われ、山を追われたのである。直径2m以上もあるクリやブナはどれくらいの堅果を実らせたのだろう。1本で妊娠した母グマ1頭が冬眠できるくらいは堅果を落としていたかもしれない。

Ⅱ部

スギと広葉樹の混交林をつくる

——自分の山でやってみる

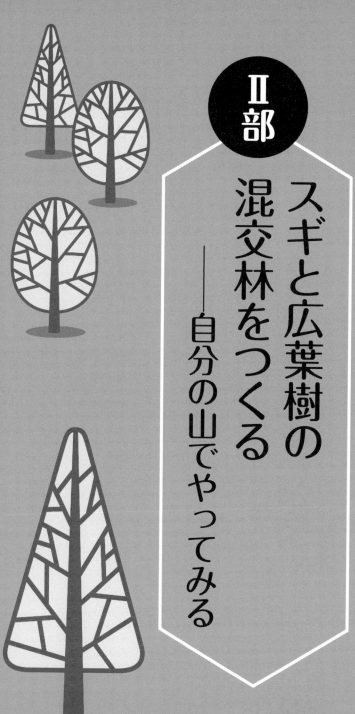

混交林を造ることはけっして難しいことではない。
目標とする森林の形が決まればできたも同然だ。
まずはスギと広葉樹の大径木が立ち並ぶ姿を思い浮かべることができるかどうかだ。
それぞれの地域に残る巨木の老熟林を精査して、
その姿を目指して、どうしたらよいのかを考えていくだけである。
森は〝自然〟が創ってくれる。すでにヒントはたくさんある。
森の仕組みを知ることから始めて、われわれはそれに倣えばよいのである。
地域ごとに答えは違ってくるが、
それが楽しさに満ちた森づくりになるだろう。
森づくりは地域の経済と地球の環境づくりでもある。
世代を超えて気長にやっていけばよい。

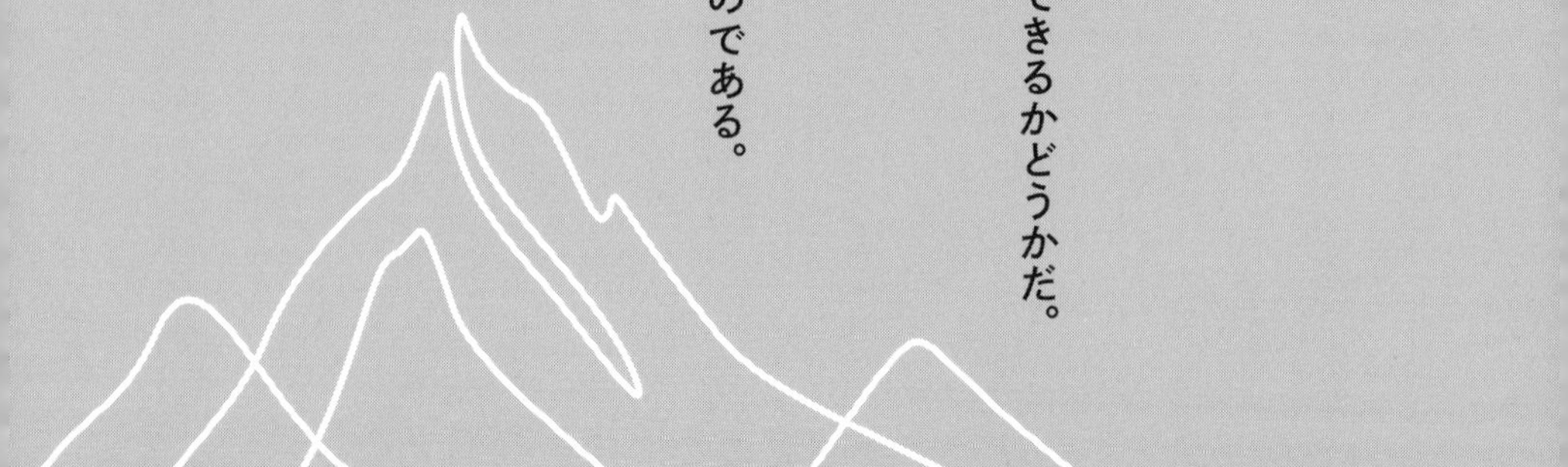

6章 目標は地域のスギ天然林

目標林型は地域に残るスギ天然林にするべきである。なぜ、天然林なのか？　それは地域の自然環境に長い時間をかけて適応した樹種で構成されているからだ。つまり、地域固有の種多様性を持つからである。そして、それぞれの樹種は種固有の驚くべき太さに達し、きわめて材質の良いスギや広葉樹が採れるからである。自然の営為に任せて遷移してできた堅牢な構造を持ち、植えなくても稚樹が更新し、手入れしなくても崩壊することなく森林が持続するからである。そして、何よりも老巨木が立ち並ぶ、心落ち着く風景がそこにあるからである。われわれは、東北大フィールドセンターからほど近い宮城と秋田の県境にある自生山のスギ天然林に向かった。

❖スギと広葉樹の巨木が混じり合う——自生山のスギ天然林

自生山では良質のスギ大径木が大量に伐採された。自生山でスギの伐採をしていた方が麓の集落で桶を作っていた。木目がとてもきれいだったので一つ買った。この緻密さが〝天杉〟なのだろう。自生山の天然スギは今では狭い一画が保護林として残っているに過ぎない。遠くから見ると、スギは小さな集団も作るが、ほとんどは一本一本が単木的に広葉樹と混じり合っている（図6-1）。

図6–1　自生山スギ天然林
スギは濃い緑に見える。所々で小さな集団を作るが、おおむね単木的（点状）に広葉樹と混交している

図6–2　自生山スギ天然林のスギ大径木
ブナやミズナラなどと混じり直径1mを超える通直なスギが聳え立っている

図6-3　スギは数本から10本ほどまとまってパッチ状に分布している所もある

小さな沢筋の荒れた林道を登ると土石流で道がなくなっていた。ガレ場を越え斜面の歩道に取り付く。しばらく登るとまっすぐに天を衝くスギの巨木がポツンポツンと見え始める（図6-2）。さらにしばらく登るとまとまってパッチ状にスギが立ち並んでいる（図6-3）。ハリギリやトチノキも太いものが混じっている。さらに登っていくとブナが多くなってくる。全山、かなりの急な斜面である。歩道の上部に調査地を作り、滑り落ちないように注意しながら調べた。興味深い天然林の構造が見えてきた。おもしろいことにスギと広葉樹の胸高断面積合計（注7）はほぼ半々であった。現存量はどちらかに偏ることない。さらに最も太いスギと広葉樹（ブナ）の胸高直径はほぼ100cmほどであった（図6-4）。スギと広葉樹はあちこちで単木的に混じりあい、互いに均等に、どちらかが勝ることなく混交しているのが天然林の姿であった。

（注7）人間の胸の高さ1・3mでの木の断面積を胸高断面積という。一つの森林の全ての樹木の胸高断面積を合計したものを胸高断面積合計と呼び、森林の現存量（大きさ）を推定する指数として用いる。

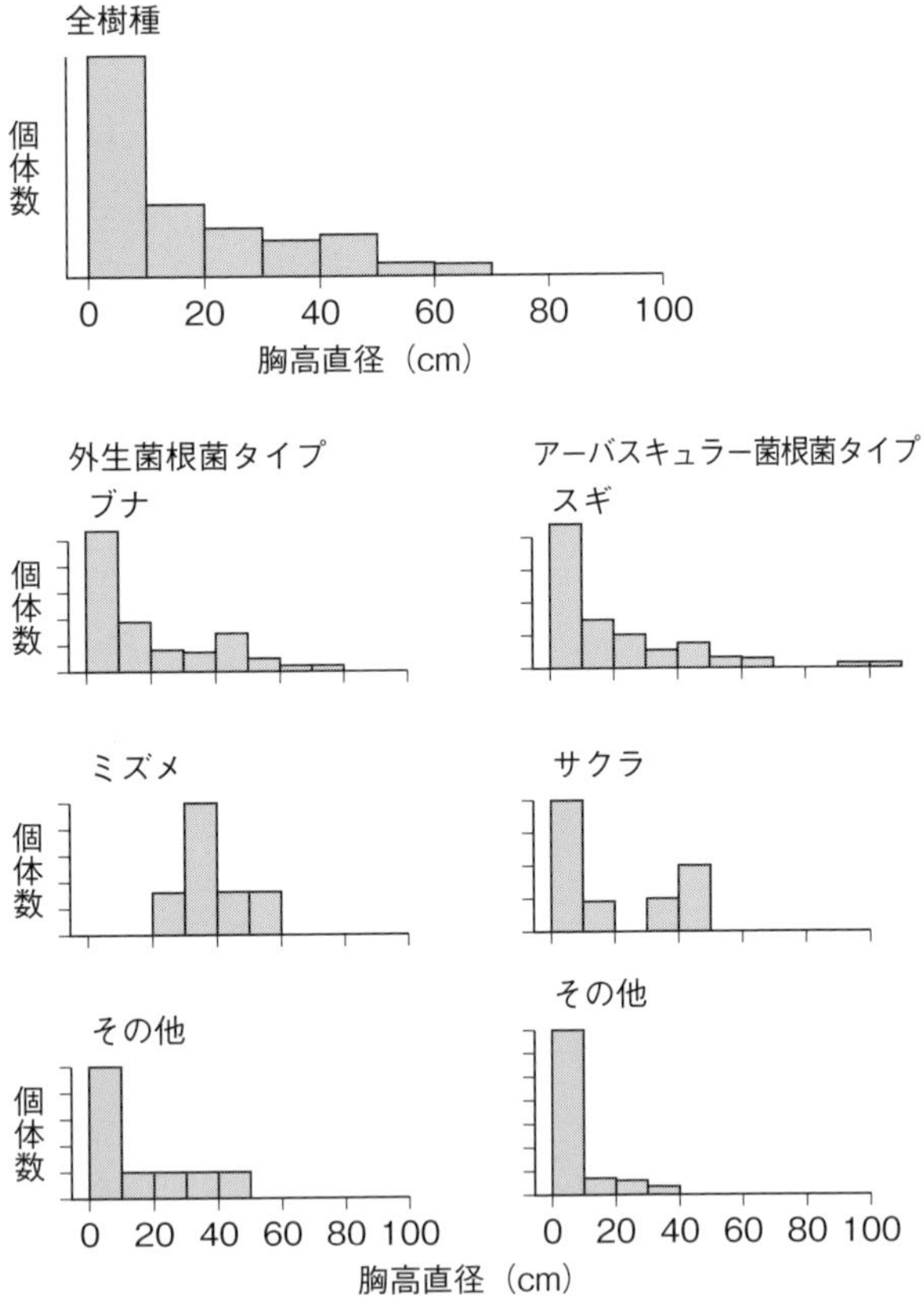

図6-4　自生山スギ天然林の優占種の胸高直径の頻度分布

❖活発な天然更新——植栽不要のスギ林

広葉樹で最も多く見られるのはブナである。他にミズナラ、クリ、ミズメ、サクラなどが見られる。太いスギの近くで並んで更新しているスギの稚樹（図6-5）を掘ると母樹とつながっていた。スギの下の枝が雪で接地し、そこから根が出て無性的に繁殖したものである。日本海側の

図6-5　スギの実生更新（左）と伏状更新（右）（写真：今井友樹さん）

多雪地帯のスギによく見られる〝伏状更新〟だ。もちろんスギは実生でも更新している。ブナやイタヤカエデ、ヤマモミジなどの実生や稚樹もあちこちで見られる。直径の頻度分布図を見るとスギもブナもサクラも大きな個体が少なく、小さい個体ほど多い。頻度分布は〝J〟の字を左右反転させた、いわゆる〝逆J字型〟を示している。つまり、次々と若い個体が更新していることを意味している。比較的暗い所でも更新できる耐陰性の高い遷移後期種に特徴的な分布型である。ただし、ミズメは一山型（凸型）で、ある一時期に大量に更新したことを示している。ミズメは明るい光が差し込む場所で更新するカバノキ科の樹木である。巨木の風倒や立ち枯れ、または小さな地滑りなどによって林冠が開いてできた明るい隙間（ギャップ）でいっせいに更新したのだろう。その後、ギャップができなかったので更新できず一山型の分布型になったのだろう。いずれにしても、スギ天然林では、スギも広葉樹も近くにタネを大量につける大きな母樹があり、稚樹を次々と補充しているようだ。つまり、スギ天然林のような林型を作ることができたなら植栽は不要であることを示している。植えなくても多くの樹種の次世代が次々と更新してくるのが天然林なのである。地ごしらえ、植え付け、下刈り、除伐、裾枝払い、それに続く間伐など、人手の限りをかけてやっとできる人工林に比べ、コストはゼロである。時間はかかるが合理的に更新している。天然林を見ていると、自然の仕組みをじっくり観察して、天然のメカニズムに倣う林業を本気で行なう時期が来ているような気がする。できあがる木材の質のよさとコストの低さを考えれば、どちらが合理的なのか、自ずと答えが出てくるような気がする。

❖地形の変化に無頓着なスギと敏感な広葉樹

遷移が十分に進んだ老熟林では、個々の樹種はそれぞれ種固有の空間分布パターンを示すようになる。樹種ごとの分布パターンを予測できれば混交林施業もやりやすくなるだろう。樹種ごとの空間分布は一つは地形によって大きく決まる。さらに同じ地形でも生物間の相互作用、特に微生物との相互作用に大きく影響されることが知られている。これらがどのように、またどの程度影響するのか見ていこう。

おもしろいことに自生山ではスギの分布はあまり地形に影響されていないようだ。スギは斜面の下から尾根筋まで見られ、凸地形でも凹地形でもどこでも見られる。ただし、尾根や凸地形など乾燥して痩せている場所では少し樹高が低く成長にも時間がかかっているようだ。そんな場所では、年輪幅の極端に狭い超高級材が生産できるかもしれない。ただ、斜面下部や凹地形など肥沃で湿潤な場所では樹高は特に高く直径も太いようだ。そういった場所では地位も高く、大径化し、たやすく通直大径の高級材の生産が可能だろう。したがって、地形に応じた生産目標（径級、年輪幅、伐期）を定め、どこでも高級材生産が可能になるだろう。混交林化することで生産できる本数は少なくなり、時間はかかるにしても、良質材生産を目標とし、長期的に経営するのは理に適っているように思える。

一方、広葉樹は沢筋から尾根まで樹種構成がどんどん変化する。サワグルミ、カツラは沢筋だけで見られ、斜面を登るとすぐに見られなくなる。ハルニレ、トチノキは斜面下部によく見られる。斜面下部から中腹にかけてはイタヤカヤデ、ハリギリ、ブナ、ミズナラ、ホオノキなどが多くなり、クリやアカシデなどはどちらかというと斜面の上方に多い。地形、微地形、斜面上の位置、方位などによる土壌の水分量・栄養塩濃度の違いがそれぞれの樹種の生育場所に大きく影響しているからだ。どのような地形や土壌条件でどんな広葉樹が分布しているのかは、地域ごとに樹種の構成は異なるが基本的には一貫している。これまで蓄積された資料に基づいて、地域ごとに詳細な手引書を作っていけばよいだろう。

❖群れる樹木と孤立する樹木――菌類が操る空間分布パターン

自生山ではスギは所々パッチ状に集団を作っている。これは親木の周囲で子個体が伏状更新しているためだろう。他のほとんどのスギは互いに離れて立っている。どちらかというと孤立して点状に分布しているが、これらは、実生由来だろう。では、広葉樹はどのような空間分布をしているのだろう。

広葉樹の空間分布パターンに影響するのは、地形だけではない。病原菌や菌根菌が分布パターンに大きく影響する。一般に、樹木の種子は親木の近くに多く落ち、遠くに行くにつれて減る。程度の差こそあれ、ほとんどの樹木では親木近傍で実生密度が高くなる。しかし、親木近傍で毒性を発達させた病原菌が襲いかかり、実生の死亡率が高くなる。したがって遠くに散布された種子から発芽した実生だけが生き残る。そうすると、親と子、つまり同種の個体は離れて分布する

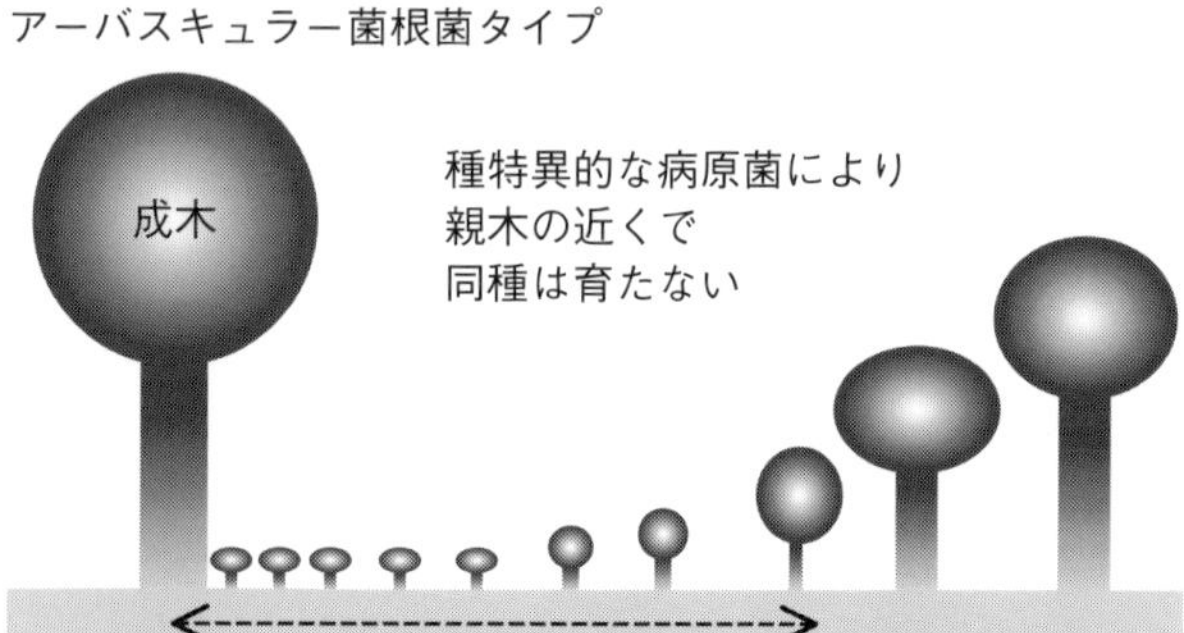

図6-6　アーバスキュラータイプの樹種では、親木の近くでは同種の実生は病原菌の攻撃によって死亡する確率が高い。したがって、同種の成木どうしは離れて分布するようになり、林分当たりの材積も少ない（上）。外生菌根菌タイプの樹種では、親木の近くでは同種の実生は菌根菌の助けによって大きくなる場合が多い。したがって、同種の成木どうしは群れて分布するようになり、林分当たりの材積は多い（下）。Wulantuya *et al*. 2020, Koga *et al*. 2020より描く

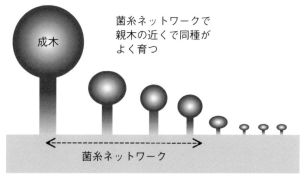

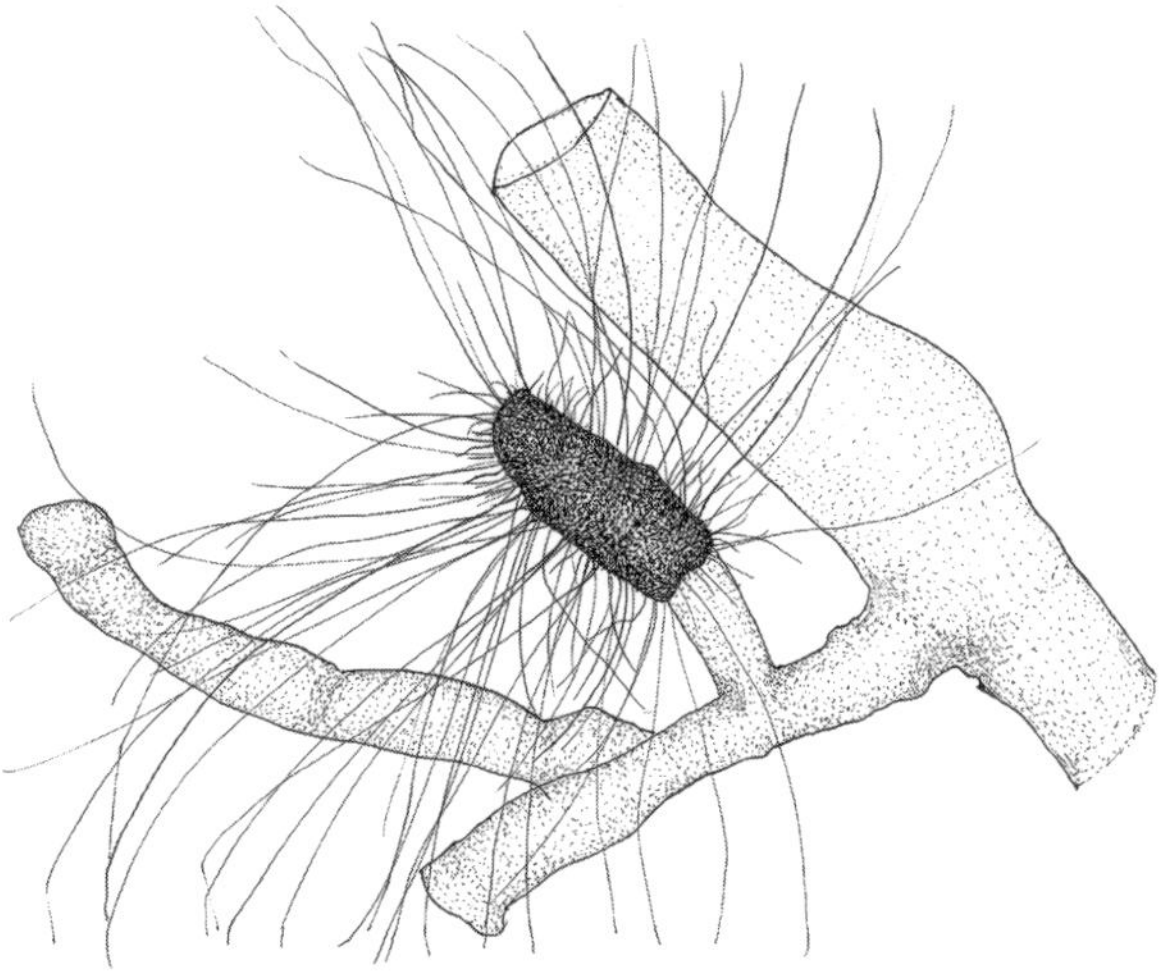

図6-7　ブナの芽生えの根に感染した外生菌根菌（清和 2019）
ブナの細根を分厚く囲い込み病原菌の侵入を阻止する能力が高い。菌糸は細根よりかなり細く土壌の微細な隙間に入り栄養塩を吸収し芽生えに与える。この菌糸は採取時に切れているが、菌糸ネットワークを作り10mほど離れても水分・養分のやりとりをする

ようになる（図6-6）。その中間に他の樹種が混じれば種多様性は高くなる。これはジャンゼン-コンネル（J-C）仮説と言われ、森林の種多様性の創出を説明する有名なモデルである。J-C仮説は1970年に提唱されて以来、世界中の森林の多くの樹木で確認されている。しかし、J-C仮説の成立の程度には大きなバラツキがある。親木の近くでの実生が全滅するものから、かなり生き残るものまで程度の差が大きい。その程度の差には、病原菌だけではなく、同じ土の中にいる菌根菌が関わっていることが近年わかってきた。

菌根菌はほとんどの陸上の植物と共生して生きている。植物の根に感染し、細胞の隙間に入り込み樹木から光合成産物をもらっている。その代わり、樹木の細根より格段に細い菌糸を土中に張り巡らし、土壌中の窒素やリンなどの栄養塩や水分を植物に与えている。高木性の広葉樹に感染する菌根菌には大きく二つのタイプがある。ブナ科やカバノキ科は「外生菌根菌」と共生する。一方、カエデ科、バラ科やミズキな

どの広葉樹、そして針葉樹のスギは「アーバスキュラー菌根菌」と共生する。外生菌根菌は親木の近くで毒性を高める病原菌から子供（実生）を守ってくれることが知られている（図6-7）。さらに宿主を選び同種や近縁種の個体を強く助けているようだ。したがって外生菌根菌タイプの樹種では親木の周囲で子個体が病原菌によって全滅することはない。生き延びた子個体は、むしろ菌根菌に成長を後押しされることによって同種個体同士が大きな集団を作るようになると考えられている。実際ブナやミズナラを老齢林で調べてみると、実生から成木に至るまでどの生育段階の子個体も親木の周辺に分布していることがわかっている。そして親木から離れるにつれて大きな個体が減ることがわかった。自生山でも外生菌根菌タイプのブナやミズナラでは成木の近くに幼稚樹が分布している。そして成木どうしも群れて分布している。また外生菌根菌タイプにはブナ科樹木など最大直径の大きな樹種が多い。したがって材積量も多く優占種となっていくのである（図6-8）。

一方、アーバスキュラー菌根菌と共生する樹種は、親木の近傍で攻撃してくる病原菌に対して子供を守りきれず、子供は親から離れた所に分布するようになる。したがって、アーバスキュラー菌根菌タイプの樹種は、成木は互いに離れて孤立して分布するようになる。自生山でもアーバスキュラータイプのサクラ類やカエデ類は成木どうし互いに離れて分布している。アーバスキュラータイプの樹種は外生菌根菌タイプよりも種数は多いが、どちらかというと短命で最大直径も小さいものが多い。したがって、一つの林分には、群れて分布する比較的太い直径をもつ少数の外生菌根菌タイプの樹種と、互いに離れて分布し比較的細い直径をもつ多数のアーバスキュラータイプの樹種から構成されるようになる（図6-8、詳しくは図10-2参照）。このような傾向は東北地方のいくつかの広葉樹林で確かめられている。もちろん、それだけでなく熱帯から温帯まで世界中の遷移の進んだ森林において広く見られ、近年、多数の報告がされるようになった。

針広混交林である自生山スギ天然林も世界中の老熟林と同時メカニズムで創られているだろう。このような遷移が行き着いたような森は多くの樹種から構成され様々なサイズ構造を示し、それぞれが異なる空間分布構造を持つ。一見複雑に見えるが、一つひとつその理由を紐解いていけば森の法則に従っていることがわかってくる。複雑でも理解できるものなのである。したがって、森林管理にもこれまで解明された森の法則をなるべく多く応用していけばうまくいくだろう。

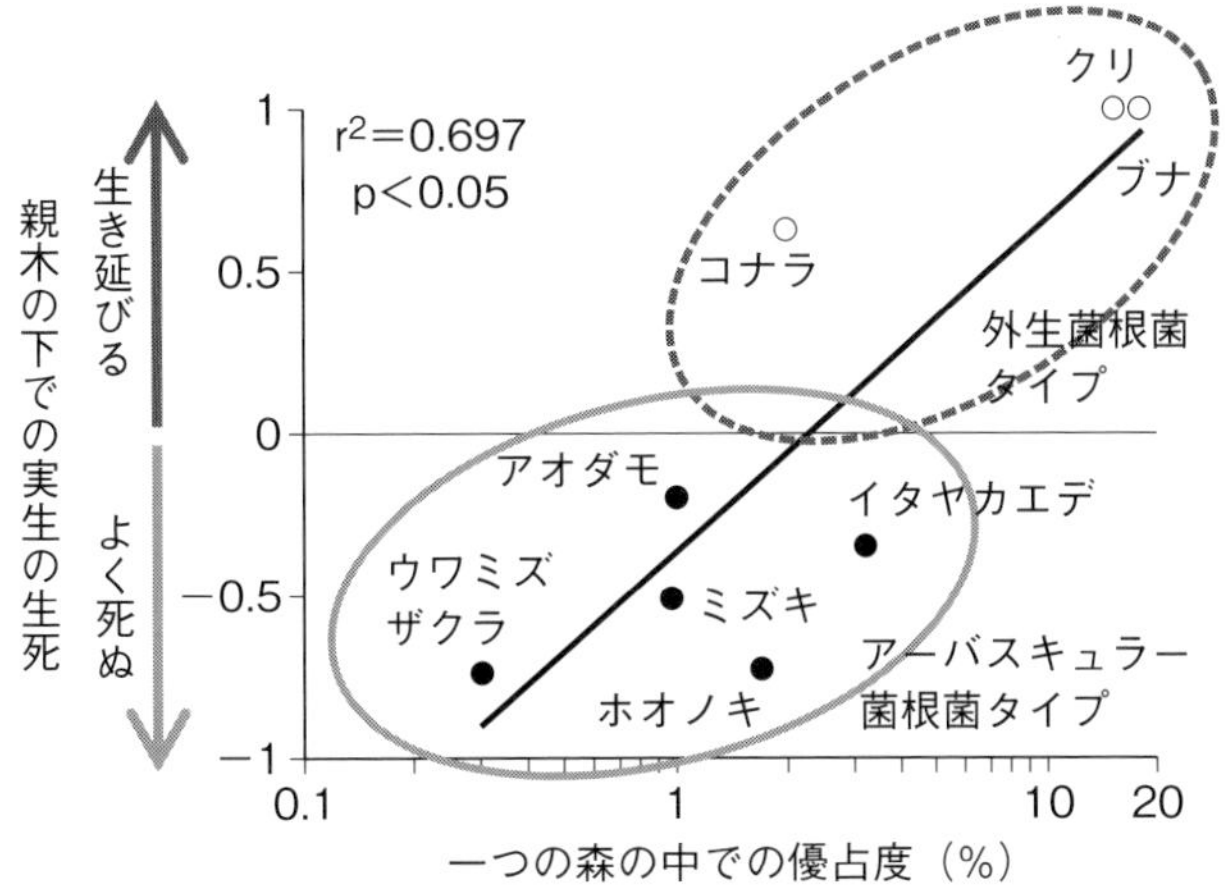

図6-8　広葉樹の優占度と親木の下での実生の生死（Seiwa *et al.* 2020）
アーバスキュラー菌根菌タイプの樹種は親木から離れたところで実生が更新し成木が互いに離れて分布するので優占度が低くなる。一方、外生菌根菌タイプは、親木の近くで同種が分布し同種が集中分布するので優占度が高くなる。外生菌根菌タイプは最大直径が大きいことも相対優占度を高めている

❖手入れをしなくても崩壊しない——人為を超えた持続性

スギ人工林に広葉樹を導入し天然林のような姿に近づいてきたら、後はあまり手がかからないだろう。一般的な人工林管理では、地ごしらえ、植栽、下刈り、除伐、裾枝払い、捨て伐り間伐、その後も何べんも間伐を繰り返すといったタイトな保育スケジュールだ。この手間を惜しめば成林はおぼつかない。たとえ成林しても、少しでも放置すれば競争密度効果で細く貧弱な個体が並ぶようになり、強風、大雨、大雪で倒伏を起こす危険性が高くなる。いつも脅迫されているかのように間伐に追われるが、間伐材は安く伐採コストは高い。主伐時にも高く売れるとは限らない。

一方、老熟した天然林では多くの樹種が見られ、それぞれが最適な場所（地形、土壌環境）で更新し生育していくだろう。そして樹種ごとに固有の空間分布構造（同種個体の集中や離散）を創っていく。さらに遷移系列（初期種 vs.後期種、または陽樹 vs.陰樹）によってサイズ分布型（一山型 vs.逆J字型）や樹齢分布も大きく異なってくる。最大樹齢も最大サイズも種固有の値を示すようになるだろう。そういった様相を見せ始めると、垂直方向に樹冠を棲み分け、安定した階層構造を創るだろう（図6-9）。たぶん、根系も尚武沢よりさらに発達し、階層構造を見せているかもしれない（1章参照）。単純林では樹冠も根系も全ての個体が相似形で、強い種内競争にさらされるが、天然林では多様な樹種の時空間的な棲み分けで混み合いは緩和され共倒れすることもないだろう。抜き伐りと搬出に手間がかかるだろうが、人工林を育成し保育するコストよりはかなり安価だろう。

日本の針葉樹人工林では拡大造林以降、皆、密度管理図に沿って施業体系図を描き、目標とする径級の用材生産を目指してきた。しかし、多くは慢性的な間伐遅れに悩まされている。目論見通り育成できたのはごくわずかの篤林家だけだろう。税金を惜しみなく投入した国有林・都道府県有林も最低限の管理はしても薄利多売でしかなくなっている。全ての人工林で同じ施業体系を

図6-9　自生山スギ天然林ではスギやブナなどが高い林冠から下層まで連続的に見られ、他にも多くの樹種が階層構造を創っている

採用する必要性は〝さらさらない〟だろう。

皆伐、最造林の繰り返しは森林を丸裸にする。ただでさえ低い人工林の生態系サービスをかなり長い間どん底に落とす。この期間の生態系サービスの劣化による経済的損失を計算に入れれば、これまでの施業体系は実はコスト高だったことが明らかになるだろう。森林はなによりも森林状態の持続性が大事なのである。多面的な環境保全機能（生態系サービス）を有した森を作り、そこから価値ある材を少しずつ伐り出すような体系へ転換する時期が来ている。そのためには、地域に存在するスギの天然林を探し、それを目標にして管理していけばよいのである。自然の遷移に倣えば、ちょっとやそっとでは崩壊しない健康な森ができあがる。天然林に近い混交林を作れば、生産量は少なくても形質の良い高価な木材生産が可能になるだろう。さらに多種多様な広葉樹材も付加価値をつけて絶えず利用していけば、天然林型を維持したまま広葉樹材生産も維持していくことができる。今、放置されている膨大な面積のスギ人工林を混交林化し、そして、少しずつ抜き伐りしていけばよい。大量の木材を安く買ってすぐに使い捨てするようなものを作っている林産業も、もっと木材を大事に長く使う製品の製造に転換を計っていくべきであろう。スギ人工林を天然林型に誘導することは、生活の質や木材に対する考え方を変えることにも通じる。そうやって初めて、木材生産の持続性につながっていくような気がする。

次章では、どうしたらスギ天然林型に近づくことができるのか、その方法をみていきたい。

7章

天然更新で混交林を目指す
——尚武沢間伐強度試験の20年

日本の人工林は間伐遅れが常態化している。北海道で就職して最初に与えられた研究テーマは「間伐遅れカラマツ人工林の適正密度への誘導」だった。それから40年以上過ぎても状況はむしろ深刻だ。林齢が四十数年プラスになり、混み合いも限界に達するような林分があちこちで見られるようになっているからだ。

手入れの滞ったスギ人工林はとにかく暗い。放置しても広葉樹は侵入しない。雪折れや風倒でできた明るい孔状の裸地にミズキやサクラなどの稚樹が更新しているが本数は少ない。本気で混交林を作るとしたら、強く間伐して広葉樹を導入していく必要がある。どの程度の間伐をすると確実に更新し林冠に到達するのか。種子の散布から発芽、そして実生・稚樹の成長という生活史段階ごとに、どのような環境要因や広葉樹の生態的特徴が関わっているのかを逐次見ていきたい（図7-1）。さらに種多様性はどのように回復していくのかも見ていきたい。一方のスギは間伐強度によってどう影響されるだろう。サイズや形状、そして材質に及ぼす影響についても見ていきたい。最後に、様々な経営目標の実現に向けてどの程度の間伐強度が最適なのかを検討した。

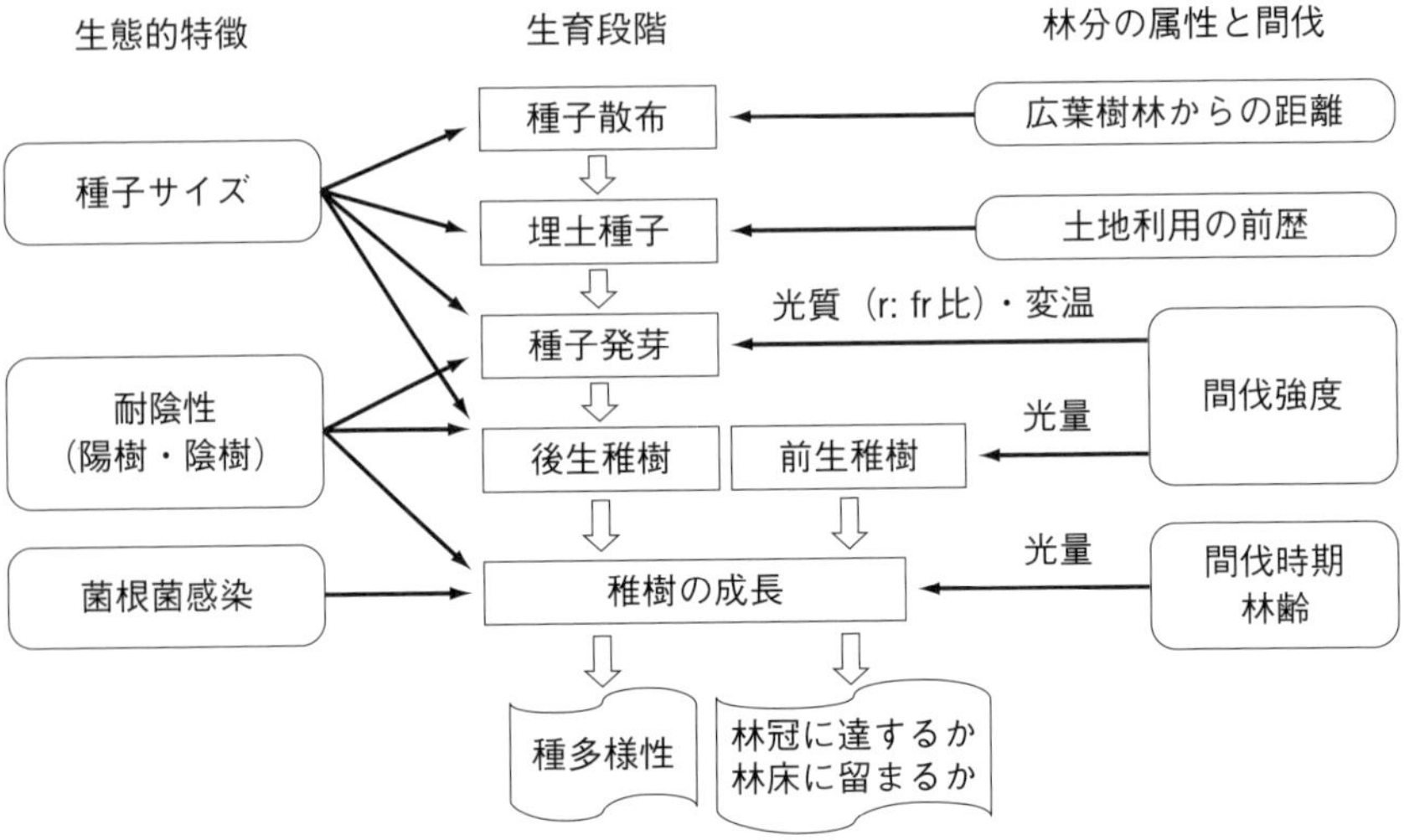

図7-1　スギ人工林における広葉樹の更新成功を左右する要因

❖広葉樹林に近い人工林ほど混交林化しやすい
——多くの種子が散布される

種子は周囲の広葉樹林から運ばれてくる。スギ林内のどこまで、誰が運んでいるのだろう。広葉樹林とスギ林との境界からスギ林内部にかけて種子トラップを設置して調べてみた（図7-2）。当然だが、散布された種子の総数も種数もともに境界付近で最も多く、境界から離れるにつれて減少した。しかし、散布者によって散布距離が大きく違った。風散布種子では種子の重さや形によって散布距離が異なる。風散布型でも比較的種子の重いケヤキ、カエデ類、アオダモなどは境界からの距離が離れるほど種子数は減少し、特に30〜40mより遠くでは急激に減少した。しかし、薄い翼を持ち、きわめて軽いヤマハンノキ、ミズメ、ウダイカンバなどは境界から40mまででは種子散布量の減少はほとんど見られなかった。たぶん、数十mから数百mほどは飛んでいくだろう。鳥散布型のミズキやキハダは広葉樹林から100mほど離れた所までは散布されていることが北海道での調査で確認されて

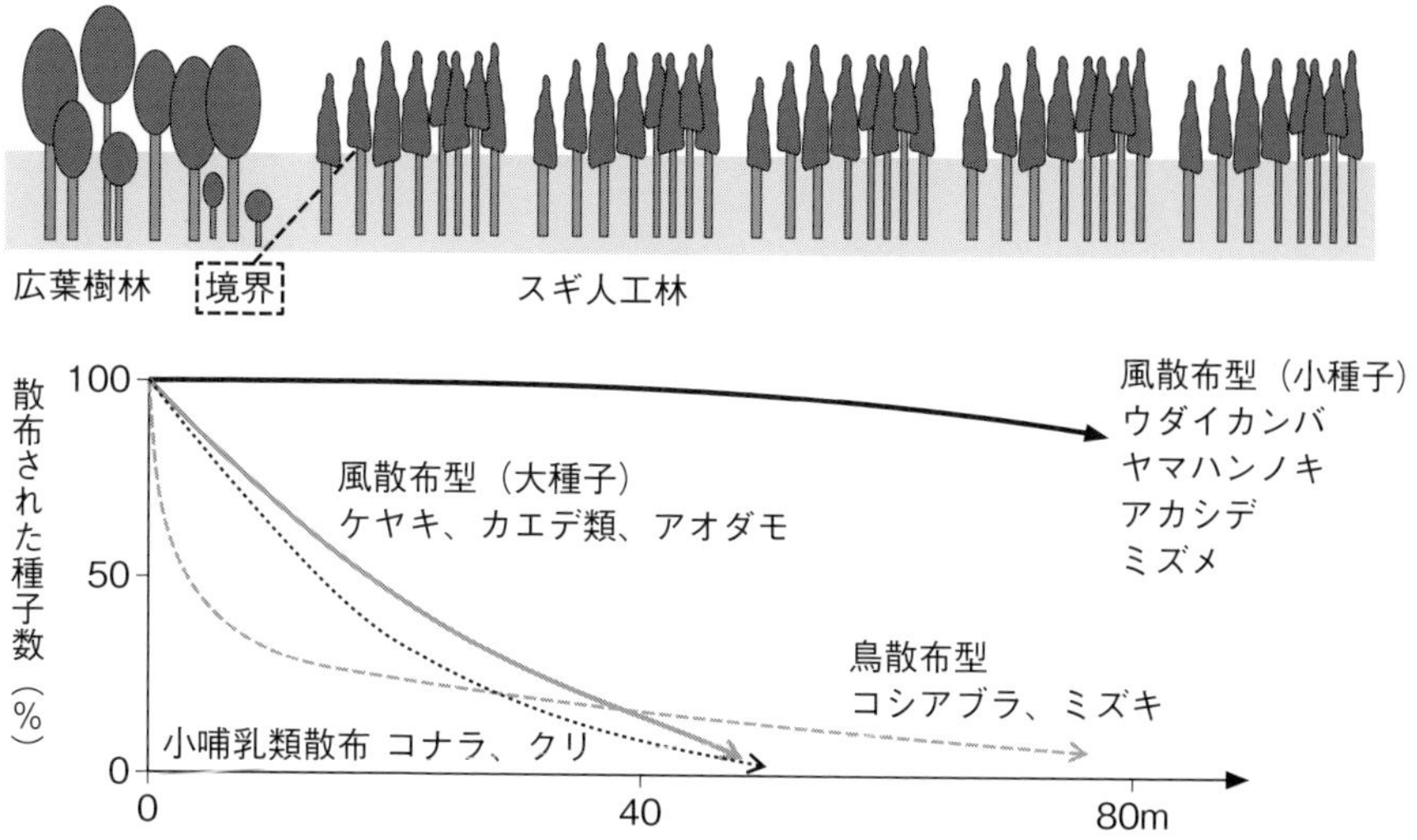

図7-2　広葉樹林との境界からスギ人工林内部への種子の散布距離（Utsugi *et al*. 2006, Oyama *et al*. 2018より描く）

いる。われわれの調査ではコシアブラ、ガマズミやオオカメノキ、イヌツゲなどは境界から5ｍ以上離れるとほとんど見られなくなった。小さなトラップに種子が入らなかっただけで、本来、鳥はかなり遠くまで運んでいるのは間違いない。コナラやクリの堅果はネズミなどに50～60ｍほど離れたところまでは散布されるが、やはり広葉樹林に近い所が圧倒的に多い。いずれにしても、広葉樹林に近い方が散布される種子の数が多いし、種数も多くなる。

スギ林内に運ばれた種子はすぐに発芽するものもあるが、暗かったり温度が低かったりして発芽できず土の中で待機・休眠している種子（埋土種子）も多い。散布される種子だけでなく、蓄積された埋土種子も混交林化の大事な原資だ。種子トラップの脇の土を採取し埋土種子の量を推定した。温室で土を広げて毎日水やりをして発芽してくる芽生えを同定した。大学院生の宇津木栄津子さんが上級生の菅野洋くんに教えてもらいながら苦労して種名を決めていた。埋土種子もまた境界付近で最も多く、境界から離れるにつれて減少することがわかった（図7-3）。間伐前からすでに更新している稚樹を〝前生稚樹〟というが、これも混交林化の大事な原資だ。前生稚樹もまた、広葉樹林に近いほど多く、離れるに従って減少した。広葉樹林に近い所では種子が大量に散布されるが、その中でも、発芽に光などの刺激を要する樹種は休眠し埋土種子として蓄積され、暗い場所でも発芽できる樹種は発芽し前生稚樹として蓄積されていたのである。つまり同じスギ林でも広葉樹林に近い場所の方が遠い所より、広葉樹が更新しやすいと言える。逆に言えば、周囲に広葉樹林が見られない広大なスギ林では広葉樹の原資（散布種子、埋土種子、前生稚樹）が少なく、混交林化は難しいだろう。実際、河畔林を再生しようとした埼玉県の崎尾均さん（後に新潟大学）は天然更新をあきらめ、シオジやトチノキなどを植栽した。周囲がすべて人工林で種子が飛んで来なかったのでしかたなかった、と言っていた。

　膨大なデータをまとめていると天然更新の利点が一つ見えてきた。種子、実生、稚樹いずれをみても、境界から離れるほど種数が減る傾向は同じだ。しかし、いずれの距離でも生育段階が進むにつれて〝種数〟が少なくなったのである（図7-3）。たぶん、種子は散布されたものの発芽できなかったり、また発芽しても環境に適さず消えていった樹種があったためだろう。このように、天然更新では不適な樹種は育たず、その環境に適したものだけが生き残っていく。逆に人工

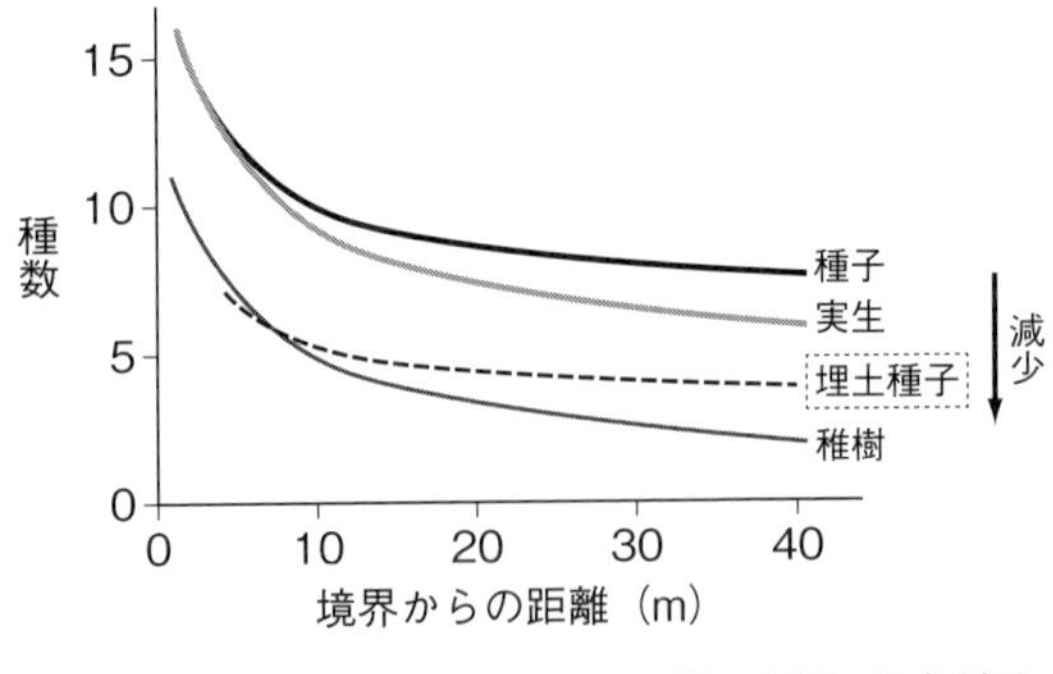

図7-3　広葉樹林との境界からの距離と種子・埋土種子・実生・稚樹の種数（Utsugi *et al.* 2006より描く）
生育段階が進むにつれて個体数は減少する。ただし、埋土種子は発芽しないで蓄積するので大きくは減少しない

植栽では、どんなに手をかけてやっても大きくなれない樹種が必ずでてくる。それよりも不適な樹種を自然に間引きしてくれる天然更新の方がずっと合理的で省力的だと言える。

コラム7-1 林縁効果を狙う——断片化した小さなスギ林を造る

広葉樹林を伐ってスギを新たに植えようとする人は、今はあまりいない。森林の大面積皆伐とその後の人工造林は生態系サービス、例えばCO_2固定、水源涵養、土砂流出防止などの機能をしばらくの間一気に底まで落とす。地球環境や地域防災に迷惑をかけるので、やらない方がよいことは誰にでもわかる。

どうしてもスギを植えたいなら、小面積の皆伐をして、その中にスギ林を造るのがよいだろう（図コラム7-1）。広葉樹林の海に小さなスギ林の島が浮かんでいるようにするのである。このように断片化したスギ林では広葉樹林との境界部分が増える。そうすると、広葉樹林との境界からスギ人

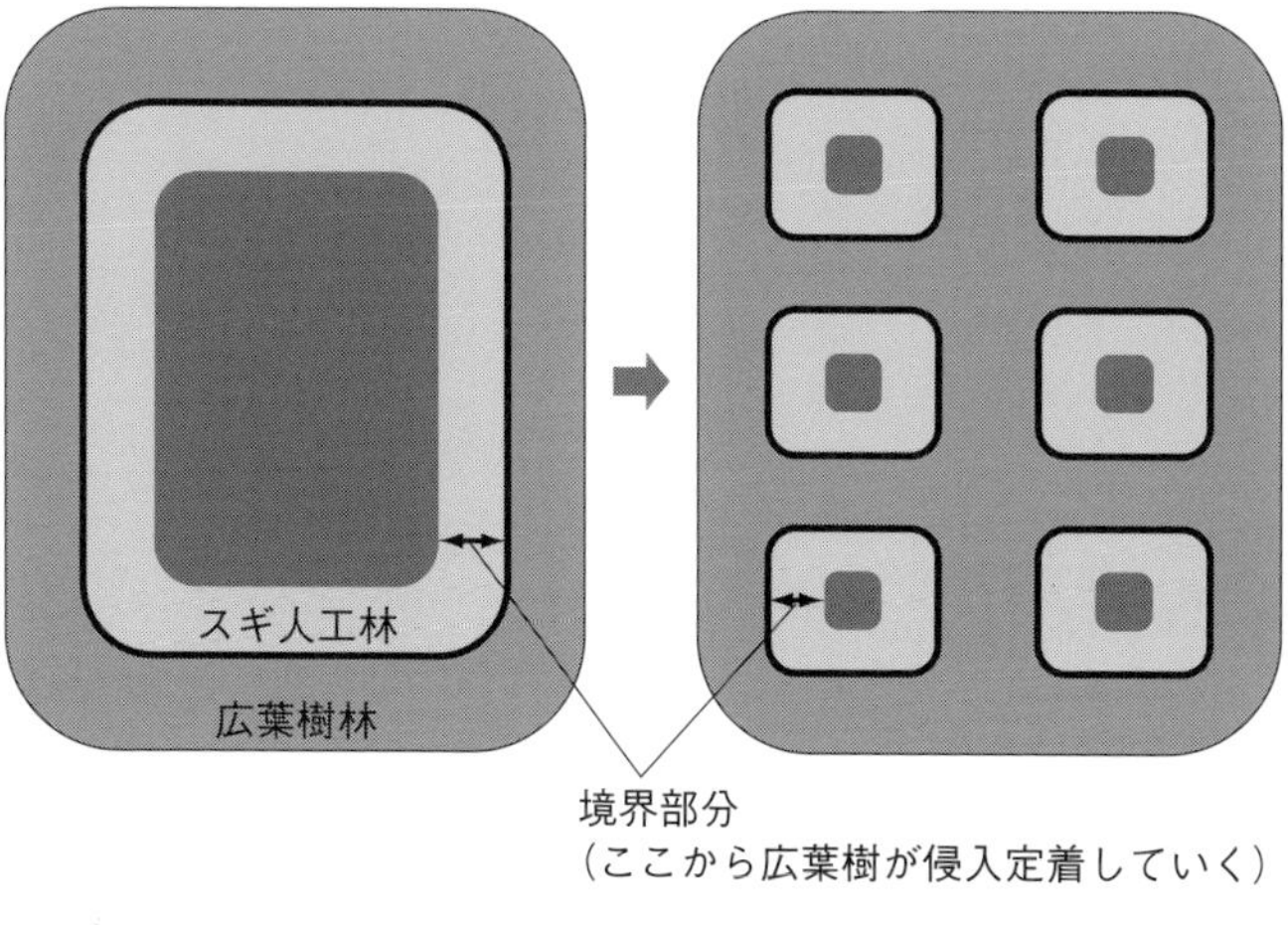

図コラム7-1　広葉樹林の中に小面積のスギ植栽地を作ると境界部分が多くなり混交林ができやすい（清和 2010を改変）

工林の内部にかけて約20～30mほどまでは散布種子量も多い。境界に近くても明るいので稚樹も定着しやすい。境界付近から混交林化していくだろう。さらにスギも疎植にすれば、植栽木の合間で広葉樹も天然更新するだろう。そうすれば林縁からも内部からも混交林化が進むだろう。

❖強度間伐は種子発芽を促す

間伐遅れの暗い林床でも、大きな種子を持つブナやミズナラ、トチノキ、コナラ、クリなどは発芽してくる。また、暗くてもある程度生きていける陰樹（遷移後期種）のカエデ類やアオダモなどもよく見られる。これらは暗い林内でも発芽できるので前生稚樹としてよく見られる。しかし、明るい場所でしか生きていけないカンバ類やハンノキ類、ホオノキ、キハダなどの陽樹（遷移初期種のほとんど、遷移中期種の一部）は、太陽光が差し込んだことを知らせるシグナルを感知して初めて発芽する（図7-4）。そのシグナルの一つは太陽光（光質）である。太陽光が林冠の葉を通過する際に、葉は光合成のため赤色光（red）など可視光域の光を吸収するが、光合成に使われない遠赤外光（far red）などは透過してしまう（図7-5）。したがって、林床では遠赤外光が多く、赤色光が少なくなる。つまり、遠赤外光に対する赤色光の比率、red: far red比（r: fr比）が低くなる。r: fr比が低いと、陽樹の種子に含まれるフィトクロームというタンパクが応答し種子は休眠してしまう。したがって、混み合ったスギ人工林の林床には陽樹の多くの種子が眠っている。間伐によって林冠が疎開し、地上に光が差し込むとr: fr比が高くなりフィ

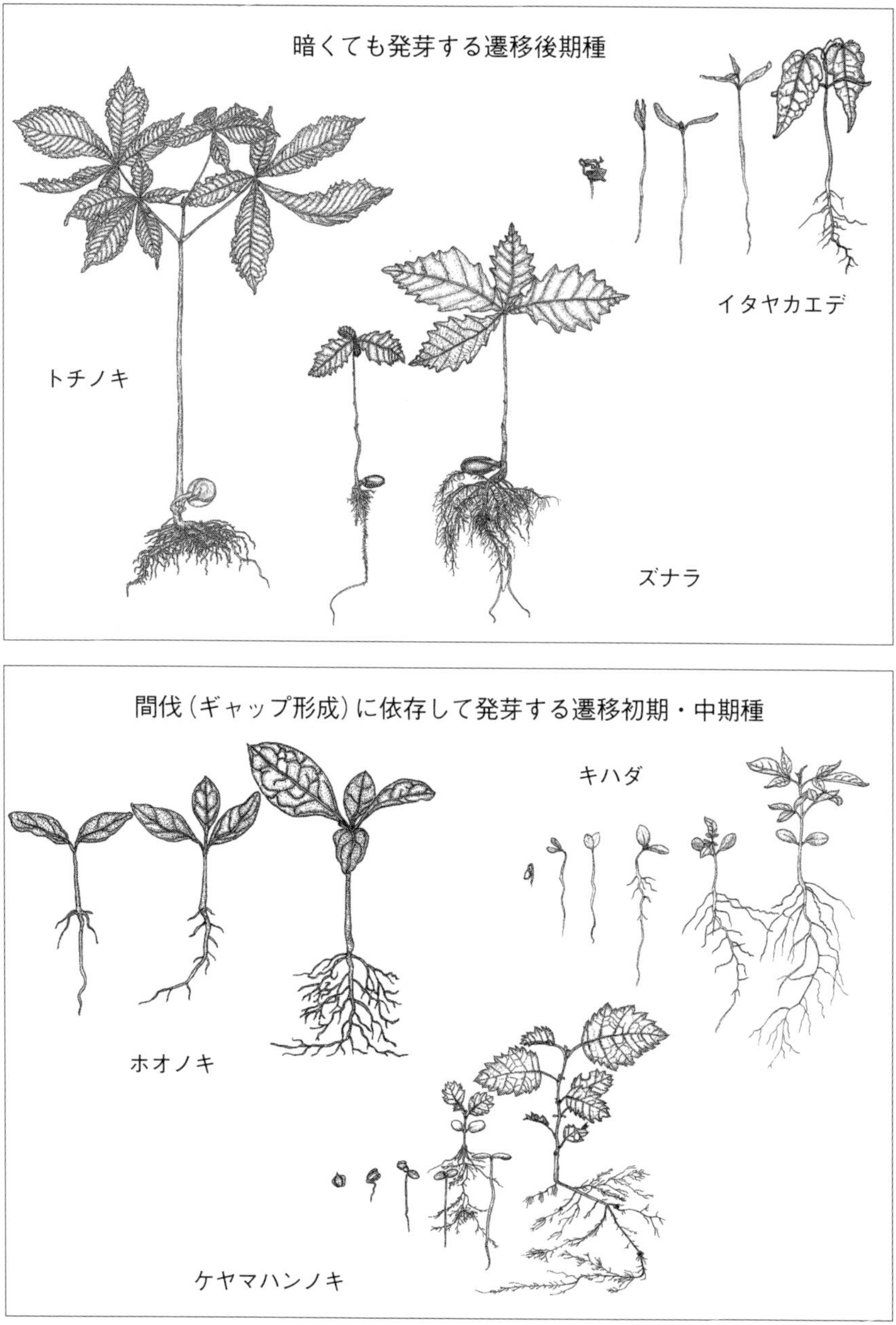

図7-4　暗くても発芽する陰樹（遷移後期種）とギャップに依存して更新する陽樹（遷移初期種・中期種）
（清和 2015・2019）

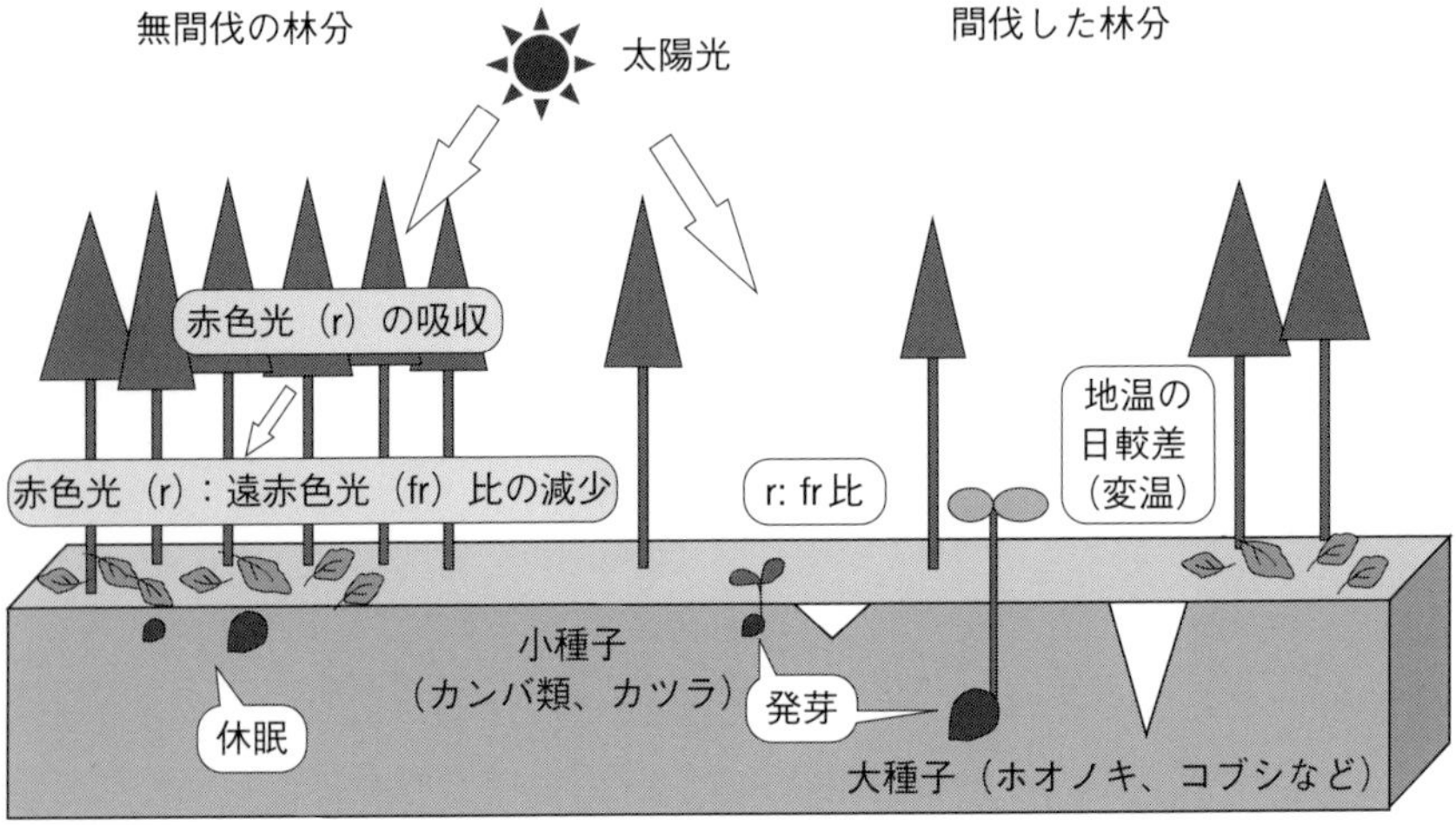

図7–5　種子発芽を促すシグナル（r: fr比と変温）は間伐によって増加する（清和 2009、Seiwa *et al* 2009、Xia *et al*. 2016）

トクロームが応答し、今度は発芽を促すのである。しかし、光だけに応答して発芽するのはカンバ類やカツラ、ノリウツギなど特に小さな種子をもつ種である。光は地表面から土の下の方に数㎜しか届かない。したがって、それ以上深い所では発芽できない。深い所で発芽しても種子が小さいので地上まで顔を出せなくなってしまう。光だけに応答するのは、実生の〝無駄死に〟を未然に防ぐためだ。

一方、深い所で発芽しても地上に顔を出せる大きな種子を持つホオノキやコブシなどは変温にだけ応答して発芽する。変温とは温度の日較差のことである。間伐したり木が倒れたりすると陽光が差し込み日中は土壌が暖かくなり夜は冷えて土壌中の温度の日較差が大きくなる。この日較差をシグナルにして発芽するのである。おもしろいことに光と違って温度のシグナルはある程度深い所にも到達するので、土中深く埋まっている種子でも発芽できるのである。うま

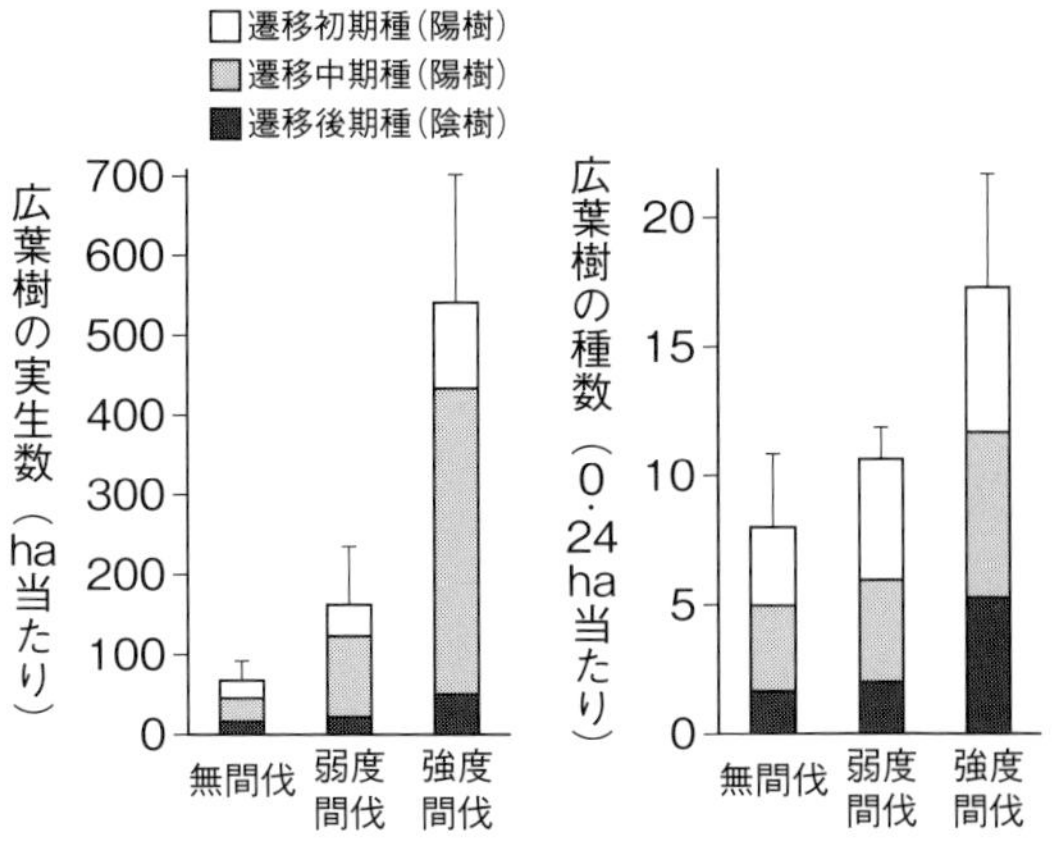

図7-6　初回間伐5年後に見られた広葉樹の個体数と種数（Seiwa *et al*. 2012a）
間伐前の前生稚樹の数は間伐強度にかかわらず同じだったので、より強度に間伐した方が、間伐後に発芽した広葉樹（後生稚樹）の数が増えたことを示している

くしたもので、中間的なサイズの種子を持つキハダなどは両方のシグナルにそこそこに反応する。チャンスを逃さないようにしているのだろう。したがって、スギ人工林では強く間伐をするとより強い光が差し込み r:fr 比比も変温幅も高くなり、そのどちらか、またはどちらにもうまく応答して、陽樹が発芽してくるのである（図7-6）。土中のどの深さまで光や変温のシグナルが届くのか、両者のどちらを主なシグナルにして発芽するのかを調べるのは、大変な作業の連続だ。余計な光が溢れないように細心の注意を払いながら実験を繰り返した大学院生の安藤真理子さんや夏青青さんたちの努力の賜物だ。しかし、まだ種子発芽のシグナルについてはほとんどの広葉樹でわかっていない。網羅体系的に調べていくことが天然更新を成功させる近道だろう。

❖強度間伐すると前生稚樹だけでなく後生稚樹も更新する

広葉樹林を伐採してスギを植えた場合などはブナやミズナラ・イタヤカエデ・アオダモなどの

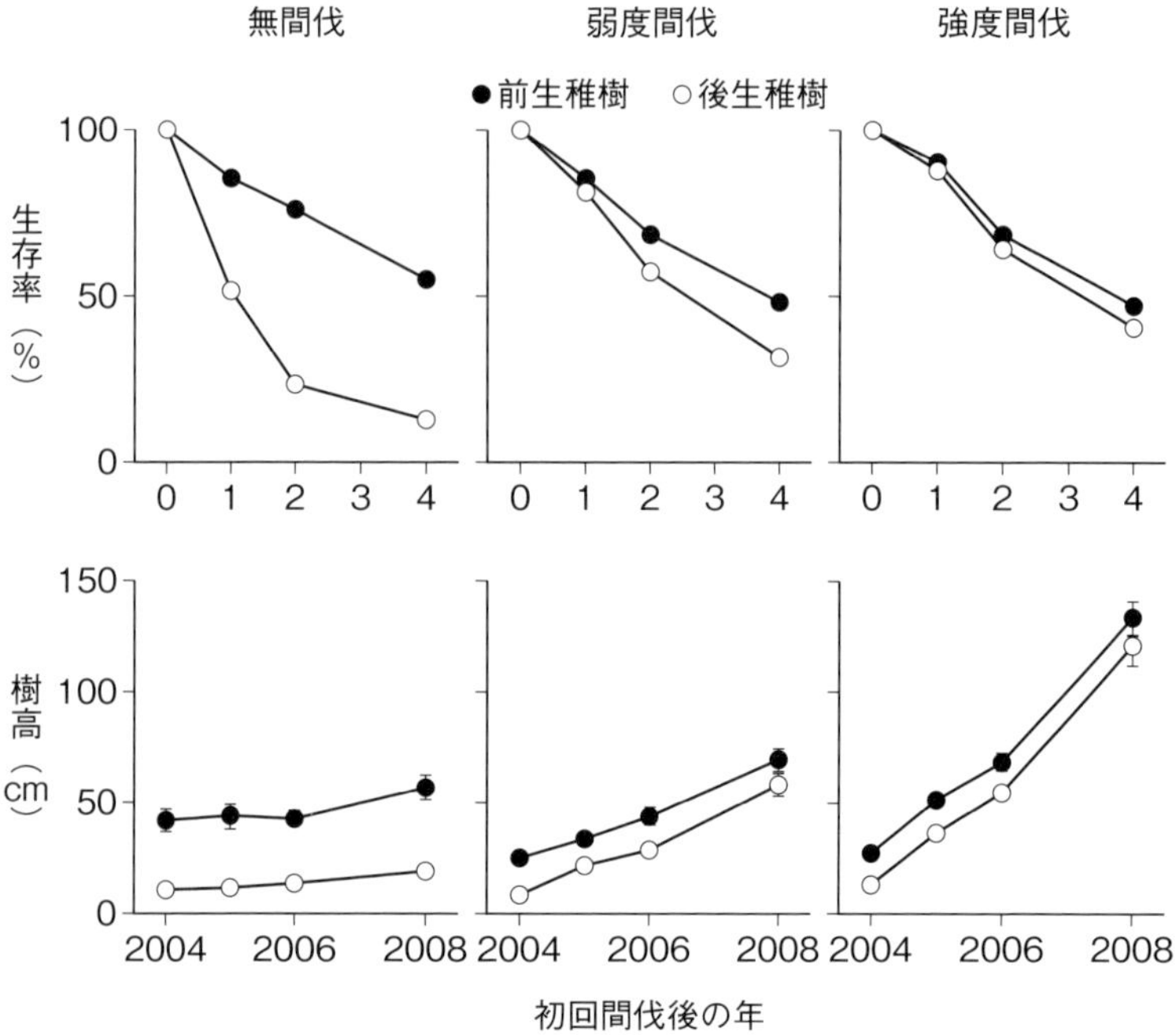

図7-7　前生稚樹と後生稚樹（2004年発芽）の生存率と樹高の比較
（Seiwa *et al.* 2012b）
強度間伐すると後生稚樹の生存率や樹高が前生稚樹とほぼ同じとなり、
両者の定着可能性は同じである

陰樹が前生稚樹としてよく見られる。これら前生稚樹が多いと間伐後の混交林化が成功しやすい、とよく言われる。しかし、それは間伐率が30%ほどの普通の間伐（弱度間伐）を行なった場合である。弱度間伐では光環境が劇的に改善されるわけではないので、間伐後に発芽した実生（後生稚樹と呼ぶ）が前生稚樹に追いつくのは難しい。早く発芽していた前生稚樹の方が更新しやすい。しかし、強度間伐すると発芽してきた陽樹の後生稚樹は強い光の下で旺盛に成長する。大学院生の江藤幸乃さんや学部生の日下雅広くんたちは一個一個の芽生えに印をつけて個体識別し、毎年、毎年その生死と成長を追い続けた。そして、前生稚樹に追いつき両者の高さに差はなくなることを見出した（図7-7下）。それに生存率も引けを取らないことを確認した（図7-7

上)。強度に間伐すると種多様性が高まるのは、前生稚樹だけでなく後生稚樹も同時に成長し、遜色なく生き残るからなのである。

コラム7-2 列状間伐でも群状間伐でも空間をなるべく広く開ける

東北森林管理局と森林総合研究所東北支所が秋田のスギ人工林に広葉樹導入のための間伐方法を変えた試験地を設定した。いずれも間伐率は33%で弱度だが、開いた空間のサイズが違う。一般的な点状（単木的）間伐と群状間伐（直径16m、面積200m^2の円形伐採）、さらには伐採幅を二通りに変えた列状間伐（5m伐採10m残しと10m伐採20m残し）である。間伐時はha当たり1800〜2600本、平均樹高10〜13mの若い林分である。伐採13年後の広葉樹の樹高は10m伐採の列状間伐と群状間伐が最も高く、次いで5m列状、単木的間伐が最も低くなった。同じ間伐率でも一ヵ所の伐採面積が広い方が、広葉樹の成長が良くなったのである。これは、単木的な間伐を行なった尚武沢試験地の弱度間伐（33%）に対する強度間伐（67%）の効果と同じだと考えられる。すでに成林しているスギ人工林を伐採して広葉樹を導入するには、どうしても広い空間の確保が必要なことを示している。

しかし、列状間伐や群状間伐ではスギの形質不良木が残ってしまう。ただ、初回だけ列状間伐や群状間伐を行ない、その後は樹木の形質や配置を考えながら単木的な間伐を繰り返すことで、広葉樹との単木的混交が実現していけば、存外よい方法かもしれない。また伐採時の支障木を減らすという利点もある。列状間伐や群状間伐は、単木的（点状の）強度間伐と同じように混交林化には有効だろう。

コラム7-3　疎植で天然更新を待つ

スギを疎植しその隙間に広葉樹の天然更新を促す、という試みが熊本で行なわれている。スギを二条の列状に植栽するだけの簡単な方法だ。おもしろいのは下刈りのやり方だ。スギの周囲を丸く坪刈りし、さらに列に沿って筋刈りする（図コラム7-3）。つまり、下刈りはスギの周辺だけに限られる。広く刈り残した筋状の場所で広葉樹の侵入を促すのである。〝植栽と下刈りのコストを大幅に削減できる上、環境林としての機能が期待できる〟とこの植栽方法を提唱している八木貴信さんは述べている。試験はまだ始まったばかりだが、このような単純でとっつきやすく、かつ省力的な試みは各地で行なわれるべきであろう。

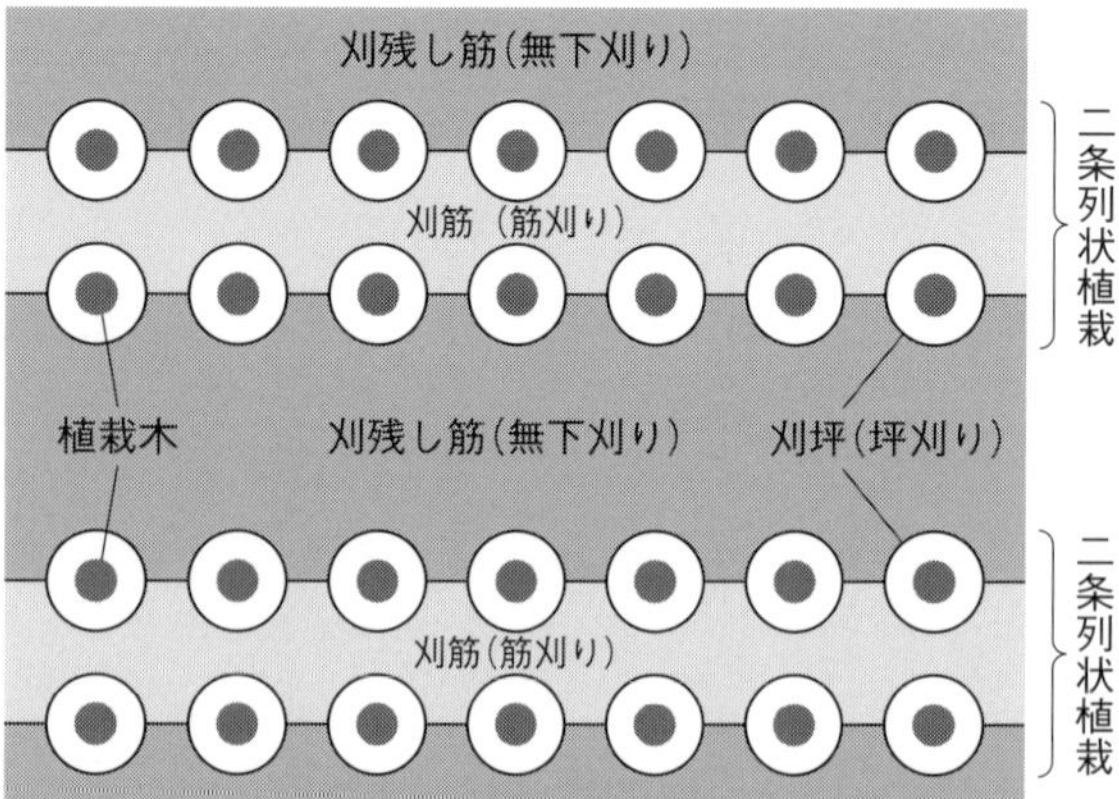

図コラム7-3　「二条列状植栽＋筋残し刈り」方式（八木2018）
濃い黒丸はス植栽したスギ、その周囲を丸く坪刈りし、列に沿って筋刈りしてスギを保育する。筋状に広く刈り残し、広葉樹の侵入を促す

❖アーバスキュラー菌根菌タイプのほうが定着しやすい

尚武沢で長く実生を追跡していると妙なことに気がついた。間伐直後にはたくさん見られたコ

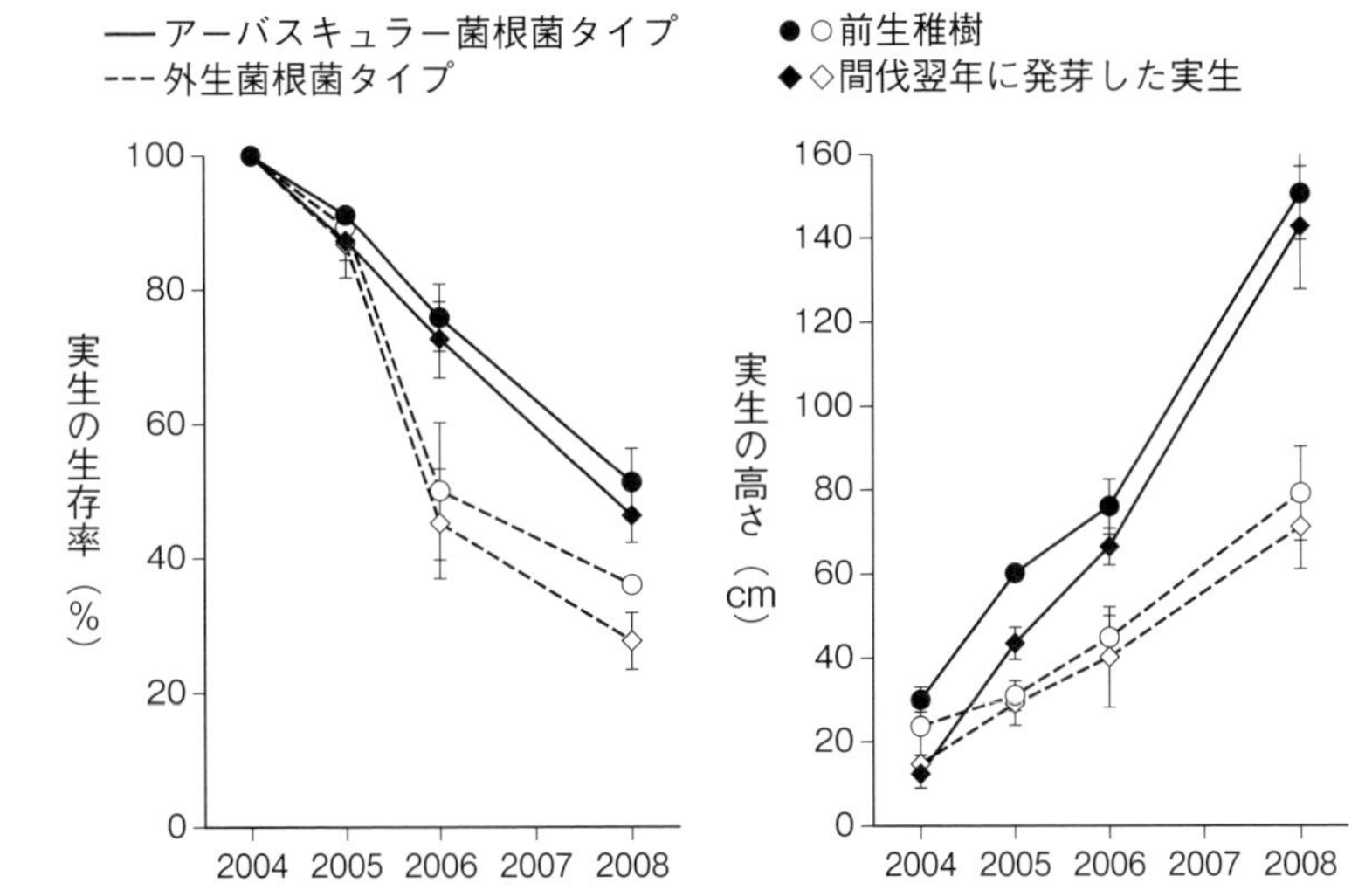

図7‐8　スギ人工林の強度間伐区に侵入したアーバスキュラー菌根菌タイプと外生菌根菌タイプの広葉樹実生の生存率（左）と苗高の成長パターン（右）（Seiwa *et al.* 2020）

ナラやクリの実生が大きくならないのだ。隣がコナラ林なのでアカネズミなどが大量に運び込んでいたのに、しばらくするとコナラもクリも大きく数を減らしてきた。強度間伐区は十分明るいのに大きくならない。一方、ミズキやカエデ類、サクラなどは生き残って順調に成長している。この違いは何によるのだろう。

その秘密は地下にあった。実生の成長を助ける菌根菌に感染できたか、できなかったかが関わっていたのである。これまで見てきたように高木性の樹木は「アーバスキュラー菌根菌」か「外生菌根菌」のどちらかに感染する。スギ人工林でミズキやカエデの実生を引き抜いて調べてみると「アーバスキュラー菌根菌」に感染していた。カエデやミズキなどは、スギと同じアーバスキュラー菌根菌と共生するのでスギ林でも感染できる。しかし、コナラやクリには「外生菌根菌」は感染していなかった。長くスギしか生育してこなかったスギ人工林の土壌中には外生菌根菌は棲んでいなかったのである。隣のコナラ林との林縁には棲んでいたものの林縁からスギ林の内部にかけて外生菌根菌は減少したのである。したがって、スギ人工林内部ではアーバスキュラー菌根菌と共生する樹種の方が外生菌根菌と共生する樹種よりも生存率が高く、苗高も2倍以上になったのである（図7‐8）。菌根菌に感染するかしないかで、広葉樹実生の命運は大きく別れたのである。

試験地の前身が牧草地だったこともアーバスキュラー菌根菌タイプの樹種の定着を有利にした。牧草はスギと同様、アーバスキュラー菌根菌と共生するので、尚武沢試験地ではアーバスキュラー菌根菌が優占し外生菌根菌がほとんど見られなかったのだ。したがって、大面積のスギ人工林を造り皆伐し、そして再造林をするといったことを繰り返すならば、アーバスキュラー菌の優占度が高まり、ますますアーバスキュラータイプの樹種だけが有利になってくると考えられる。一方、コナラやブナが優占していた場所に造成したスギ人工林ではコナラやブナが多く更新していることが報告されている。生き残っていた根株から萌芽して更新した場合もあるだろうが、生き残っていた外生菌根菌が実生定着を助けたのだろう。混交林化を目指し将来の樹種構成を知りたいならば、土地利用の前歴を調べ、どちらの菌根菌が優占しているのかを知る必要がある。

しかし、老熟した天然林ではそんな心配は要らないようだ。自生山のスギ天然林ではアーバスキュラー菌根菌タイプの樹木と外生菌根菌タイプの樹木が互いに混じり合って生育している。スギ天然林の成り立ちに興味を持った鈴木愛奈さんが実生の根を調べてみた。驚くべきことに、それぞれのタイプの樹種にしっかりとそれぞれの菌根菌が感染していたのである。スギやサクラ、カエデ類などにはアーバスキュラー菌根菌が、ブナやミズナラ、ミズメなどには外生菌根菌が感染し、樹木とともに菌根菌も混ざり合っていることがわかったのである。今は、アーバスキュラータイプの広葉樹しか見られない尚武沢スギ人工林も、老熟していくにつれ、外生菌根菌も定着し、自生山天然林のようにブナやミズナラも混じる森になっていくだろう。それまで、どのよ

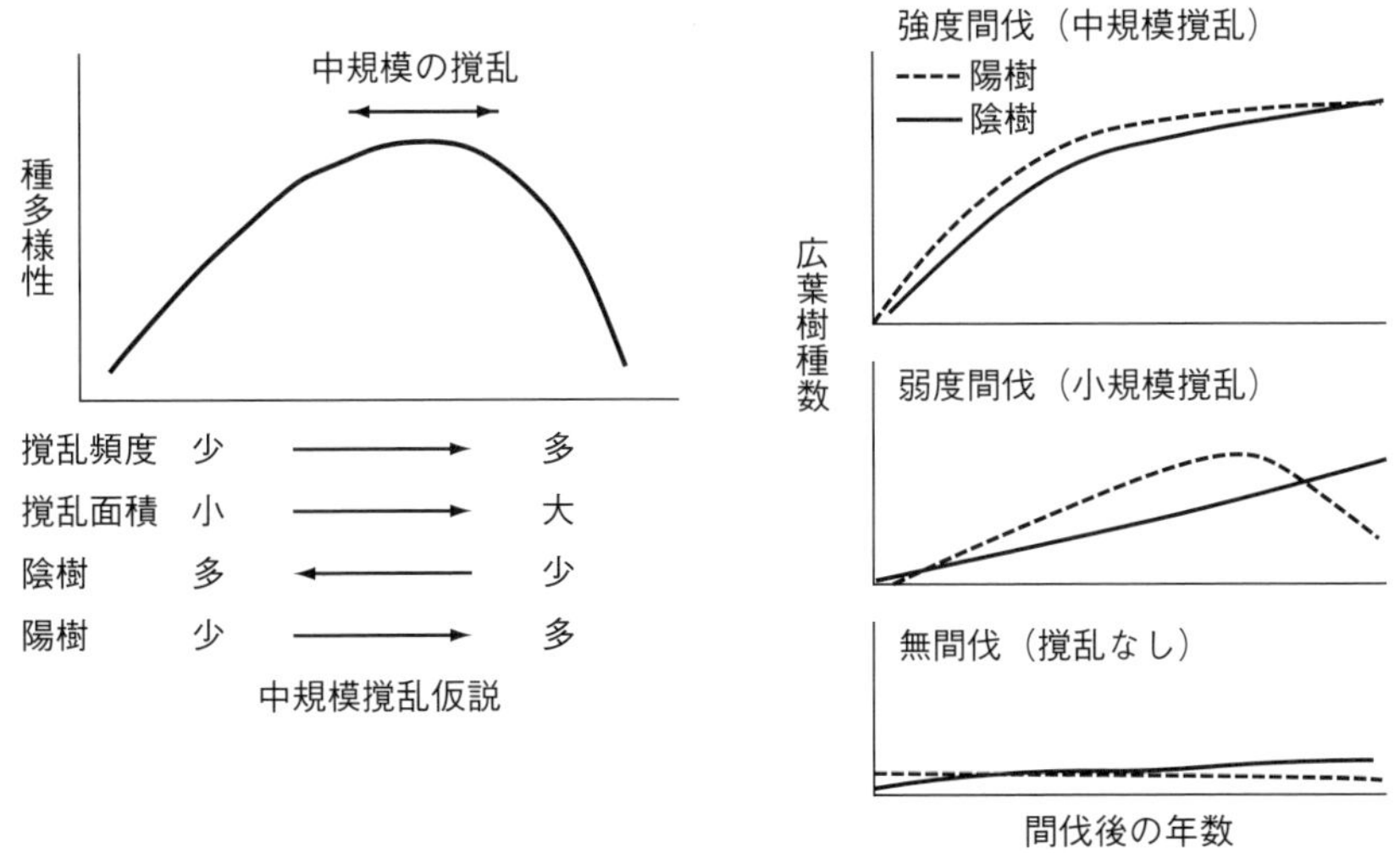

図7–9　中規模撹乱仮説（左；Connell 1978）と間伐強度と種数の変化（右：Seiwa *et al.* 2021aより描く）

うな過程を辿るのだろう。興味は尽きない。いずれにしても、樹木の種組成は地下の菌根菌に大きく操られているようだ。

❖なぜ強度間伐区で種多様性が最大になるのか
——中規模撹乱仮説

本書の一部で見たように、スギ人工林における様々な生態系サービスの回復は広葉樹の混交に大きく依存していた。言い換えれば〝種多様性〟に依存していた。広葉樹の種多様性を回復すると水質が浄化され、生産の持続性が高まり、水浸透能が増加した。したがって、種多様性が創られるメカニズムを理解することは、これからの林業者にはきわめて重要なことになるだろう。

尚武沢試験地では広葉樹の種数（種多様性）は強度間伐区で最大となった（図序–8）。これは、〝中規模撹乱仮説〟で説明できる（図7–9）。中規模な撹乱、つまり、〝中くらいの面積の孔状裸地（ギャップ）が形成されると最大の種多様性が実現する〟という1978年にコンネルが提唱した有名な仮説である。ギャップ面積が大きいほど、また頻繁に起きるほど陽樹（遷移初期種）が優占し、逆にギャップが小さいほど、また稀にしかできないと陰樹（遷移後期種）が優占する。しかし、中間的なサイズのギャップ（中規模の撹乱）が適度な頻度で起きると陽樹・陰樹ともに更新するので樹種の数は最大になる、というものである。

尚武沢試験地では強度間伐が中規模撹乱に相当する。強度に間伐（撹乱）するとかなり明るくなるので多くの陽樹が発芽し、それに陰樹も加わり種数を大きく増やした。再度、同じ強度の間伐をすると草本高を抜け出した稚樹たちは耐陰性に関わらず陽樹も陰樹も大きく育ち、種の多様性は高いまま維持された。一方、弱度間伐（小規模撹乱）では初回間伐後は陽樹も陰樹も少しずつ増えた。しかし、第2回間伐後に林冠の閉鎖が進むと陽樹は減少に転じ始めた。一方、耐陰性の高い陰樹（遷移後期種）の増加傾向は続いている。これは小規模な撹乱では陰樹が優占していくことを示唆している。撹乱のない無間伐区では種数は少ないままだ。つまり、この間伐試験地では60～70％の間伐が中規模撹乱にあたるようだ。それ以上の80％以上の間伐や皆伐では数少ない遷移初期種だけが優占することは内外の間伐試験でよく知られている。

このような60～70％の間伐は自然界では一見常識はずれのように見える。しかし、人為が作り上げた単純林が種多様性を回復していく上では中庸なことなのだろう。

❖弱度間伐でも混交林化――時間をかければ陰樹が少し

スギの高齢林に行くと、ケヤキやサクラなどがわずかながら混交しているのをしばしば見かける。通直で素性がよい広葉樹はあえて伐らずに残している林業者は結構多い。尚武沢の調査データからも、弱度間伐でも耐陰性の高い陰樹が少数だが少しずつ大きくなっていることがわかる。

図7-9を見直してみよう。弱度間伐区では陽樹の種数は間伐後林冠が閉鎖すると減り始めている。成長も大きく鈍ってきている。しかし、イタヤカエデやアオダモなどの陰樹は種数も少しずつ増え、樹高もわずかながら伸びている。高さ7〜9mほどになっているものもある（図7-10）。さらにその下にはヤマモミジやコシアブラなどもっと成長の遅い陰樹が待機し始めている。時間はかかるだろうが弱度間伐でもこれらの陰樹が林冠に達する可能性はあるだろう。ただ、か

図7-10　弱度間伐区で成長が止まったミズキと、少しずつ伸び続け追いつくイタヤカエデ

なり耐陰性の高い少数の陰樹に限られるだろう。したがって生態系サービスも全面的な混交よりはかなり落ちるだろう。それでも、いきなり強度間伐するのが怖いのであれば、気をつけながら広葉樹を残し弱度の間伐を繰り返す、といったところから始めてみるのもよいかもしれない。

❖スギの樹形と材質

混み合っていたスギ林を一気に強度間伐すると樹形は大きく変化する。間伐前は光が下まで届かず枝が枯れ上がっていた。しかし、間伐で広い空間に解き放たれると、本来の葉量を取り戻そうとする。幹の下の方からも枝を出し始めたのはそのためだ（図7-11）。樹皮の直下に潜んでいた大量の潜伏芽が開いて〝後生枝〟になったのである。その結果、個体当たりの葉の量が急激に増える。光合成量が増えスギは年輪幅が増大し早く大径化した。間伐強度で樹高は変わらないのに直径だけが急激に大きくなると形状比（樹高／直径比）が低くなる。このような年輪幅の増大や形状比の低下は材密度を低下させ、木材の強度を低下させる。さらに、樹高に占める樹冠の長さの割合（樹冠長比）が60％以上の立木がほとんどで、中には90％以上というものもあった。遠くから見るとほとんど地面スレスレから枝が出ているように見える。一番玉も太い節だらけになる。したがって、製材すると生き節が多くなる。節は、圧縮と引張《ひっぱり》の両方の木材強度を低下させる。また、多数の大きな節は、パルプ産業や木材の加工、仕上げ、接着を含む工程では嫌われる。もう一つの欠点は歩留まりの悪さだ。急に太るため、いびつな樹形になってしまった。強度間伐区では、樹冠が長くなると同時に枝下高が低くなるので、細り度合いが大きくなる。幹の直

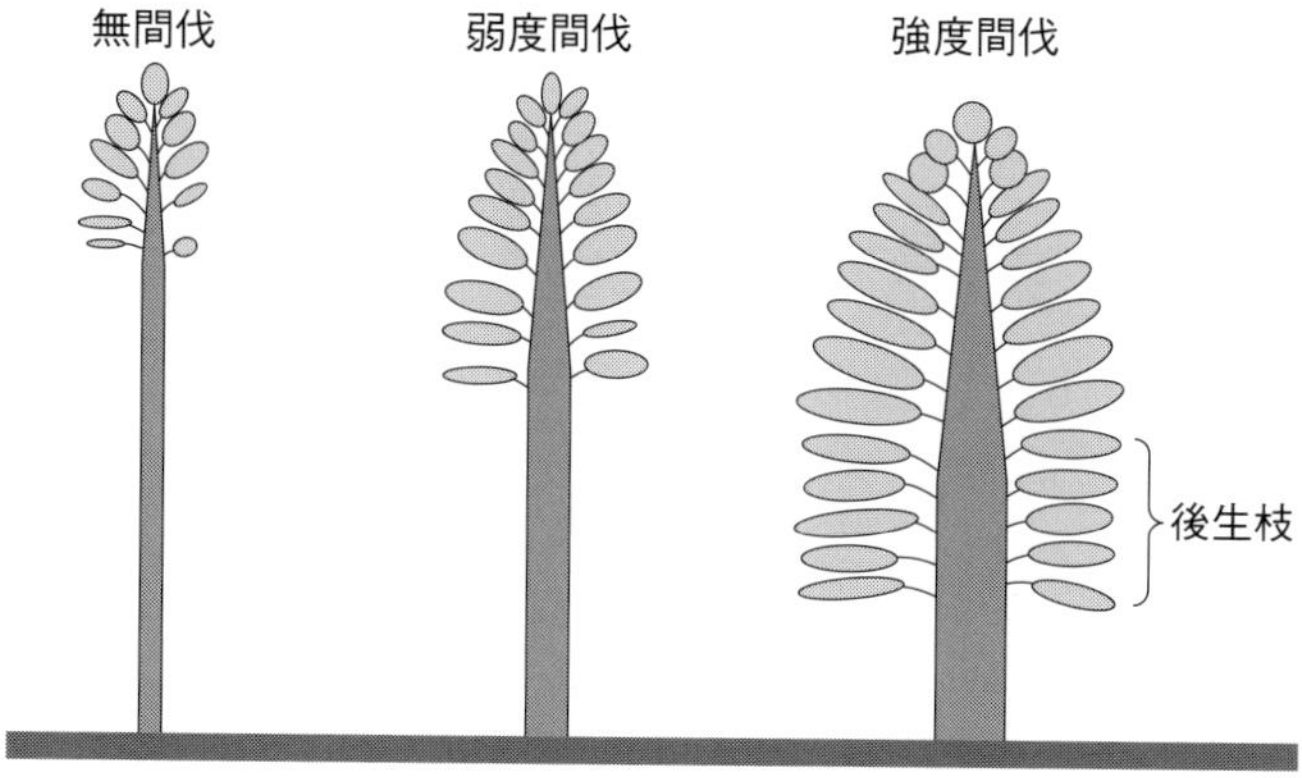

図7-11　各間伐区の平均的な個体の枝の着生（生き節の多さ）と幹の細り（Negishi *et al.* 2020より描く）

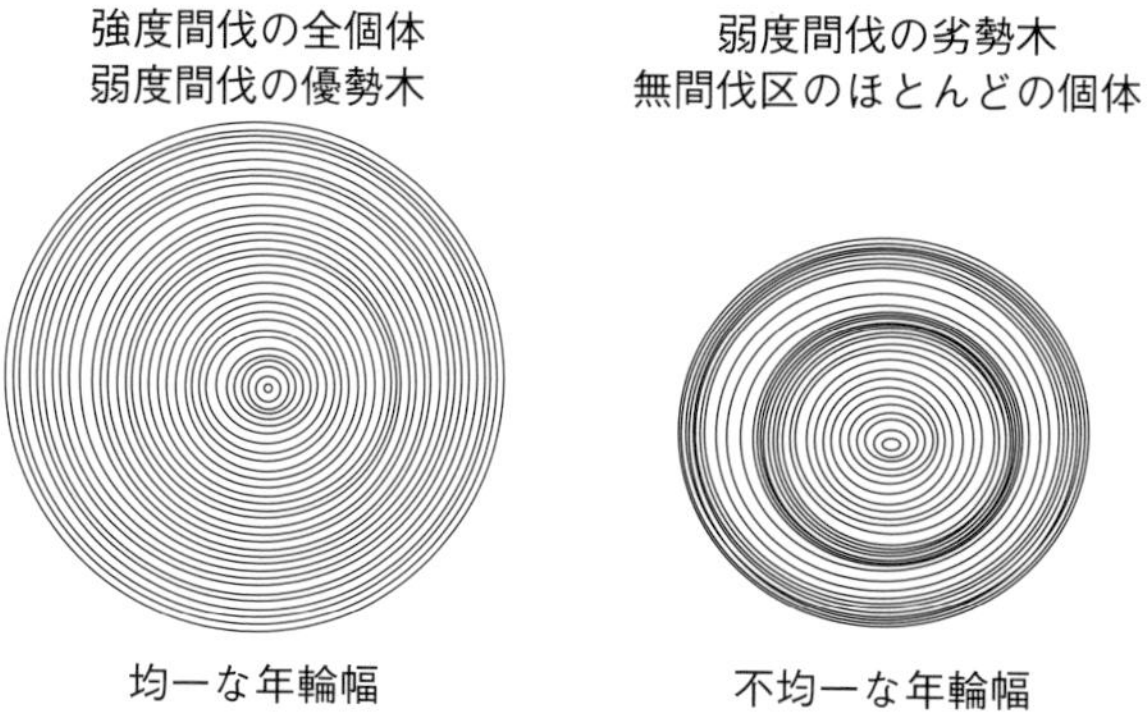

図7-12　間伐強度と年輪幅の均一性（Negishi *et al.* 2020より描く）
強度間伐と適正時期に繰り返された弱度間伐は年輪幅の均一な木材を生産する。しかし、弱度間伐では劣勢木や間伐遅れになると年輪幅が狭くなり不均一になる

径は根元から生枝のところまでは少しずつ減衰するが、生枝から樹冠先端にかけて円錐状または砲弾状に急に細くなるからである（図7-11）。このような幹の形を業界では梢殺（うらごけ）と呼んで、好ましくない形状とされている。つまり元口が太く末口が細くなるのである。しかし、強度間伐でも材質的によいこともある。年輪幅が均一なのである（図7-12）。太い木でも細い木でも皆均一なのである。細い木でもスギ同士の競争が一切ないので成長の減退が起きなかったためである。均一な年輪幅は剛性を高めるので、太い柱にして使えば太り過ぎによる材密度の低下を補うだろう。また、均一な年輪幅は木材の歪みを減らすことも指摘されている。このように見てくると強度間伐では、生き節を気にしな

ければ、年輪幅が均一で材質の安定した大径材が早く収穫できるといってもよいかもしれない。

一方、弱度間伐区では樹冠の長さは樹高の半分から2割ほどで、適度に枯れ上がっている。したがって、元口と末口の差は強度間伐より小さく、細りの程度が小さい。歩留まりの良い、いわゆる〝完満〟な材が取れる。それに生き節も少ない。年輪幅も広過ぎず狭過ぎず、均一だ。良質材の生産にはやはり弱度間伐がよいだろう。しかし、間伐率33％の弱度間伐では間伐後5年ほどで林冠が完全に閉鎖し個体間の競争が起き始め、劣勢個体から樹冠が小さくなっていった。さらに間伐しないでいると平均的な個体でも年輪幅が狭くなり不均一な年輪幅になってきた（図7-12）。弱度間伐では定期的に怠ることなく間伐し続けないと材質を維持できない。日本のスギ人工林では、定期的に間伐を繰り返すことができる林分はどれほどあるだろう。間伐を繰り返す予定が立たないのであれば、いっそ、強度に間伐して広葉樹を導入し、間伐しなくても済むような天然林のような林型にしていったらどうだろう。絶えず間伐に追われるといった不安から解放され、ゆっくりと森づくりに向き合うことができるようになるだろう。

無間伐区では個体間競争が激しく、背の低い個体から枯れていく。樹高に占める樹冠長の割合（樹冠長比）は全ての個体で50％以下で、10％ほどのものもある。それに樹冠の下半分はあまり葉がついていない。つまり樹冠は先端の方にちょこんとついているだけである。だから間伐しないと強風や冠雪によって倒伏しやすいのである。尚武沢試験地でも多くの個体が冠雪による幹折れで枯れた。多雪や強風が多発する地域では間伐は不可欠である。それに比べ強度間伐区の個体は気象害にはきわめて強い。弱度間伐でも少しでも間伐が遅れると、被圧された個体から枝が枯れ上がり、形状比が高くなり倒伏の危険性が増す。無間伐区や弱度間伐区の観察を続けていると

図7–13　自生山天然林の通直なスギ（左）と尚武沢強度間伐区のスギとミズキの競合（右）

いつも考えるのは、同種同齢人工林は間伐を少しでも怠れば共倒れや材質悪化を招くのが生物学的な帰結であるということである。森林経営は長い時間を要し、その間に経済状況も良い時もあれば悪い時もある。経営意欲が増す時も萎える時もある。やはり、〃人為を離れても持続できる構造〃を持つ森林に作り替えていく方が将来の選択肢は増えるだろう。そこから、様々な林業の可能性が見えてくるだろう。

天然林では、広葉樹もスギの枯れ上がりに影響しているように見える。自生山のスギを見上げると丈夫そうな大きな樹冠の下に枝のない通直な幹がスーッと伸びている。無節の高級材が採れそうなものが多い（図7–13左）。尚武沢の強度間伐区でも、よく観察すると、スギはミズキと競合し、スギの後生枝に対してミズキが側方から圧力（側圧）をかけているように見える（図7–13右）。もし尚武沢でも広葉樹が最大樹高に達し、林冠でスギと競合するようになれば、スギの枝も再び枯れ上がるだろう。そうすれば、強度間伐区でも枝の少ないスギの良質材生産が可能になるかもしれない。一方、ミズキも大きく枝が枯れ上がってきている。ミズキ同士の競合もあるが常緑のスギの側圧を受けて、枝が横方向に伸びないため枝が枯れ上がりやすいようだ。混交林化した後の広葉樹の樹幹形や材質については9章で詳しく述べる。

❖強度間伐すると総収量は一時減るが、混交林化が補う——CO_2固定能の回復

林分当たりの総収量は強度に間伐するほど少なくなった（図7-14）。総収量とは、これまで生産された材積の総和（総材積成長量）である。つまり、1回目間伐前の材積と1回目間伐材積、1回目、2回目の間伐後の材積成長量、それに枯死木の材積を加えたもの、さらに広葉樹材積を加えたものである。つまり林分の一次生産量（CO_2固定量）と言えるものである。やはり強度に間伐すると間伐後の成長量は低下した。針葉樹人工林では材積間伐率が40％以上ではその後5～10年間の材積成長量が減少することは古くからよく知られている。初回で67％間伐をしたその5年後に2回目の67％間伐をしたので林冠はさらに大きく疎開した。葉量が回復しないまま間伐を繰り返したので、林分全体の成長量を著しく減少させてしまったのである。しかし、無間伐や弱度間伐では見られた立ち枯れや雪折れなどによる枯死木は見られなかった。これからも成長量の無駄遣いは見られないだろう。むしろ、スギの個々の個体の成長は強度間伐区できわめて良好だ。すでに2章で見たように、全てのスギ個体は長い大きな樹冠を持ち、材積に対する葉の割合が高く、個々の個体の生産能力が飛躍的に増大している。したがって、間伐直後の材積を100とした場合、強度間伐区の林分材積の相対成長率は弱度間伐や無間伐よりもはるかに高い（図7-15）。

つまり、2度の強度間伐で材積は激減したものの、これからの飛躍的な林分材積成長を予測させるには十分である。

広葉樹もまだ材積はきわめて少ないが一気に材積成

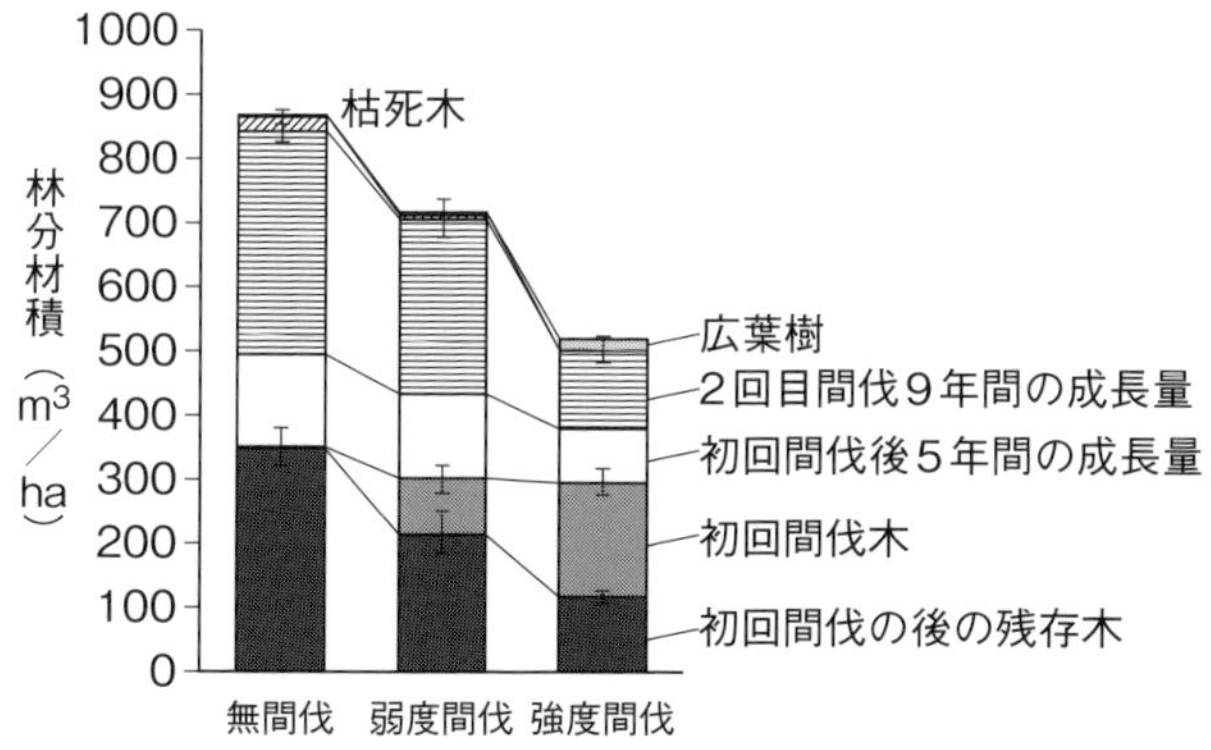

図7-14　間伐強度別のスギの総収量（2003～2017年の林分材積の積算量）(Negishi *et al*. 2020)
総収量＝初回間伐（2003）時の残存木と初回間伐木＋初回間伐後5年間（2003～2008）と2回目間伐後9年間（2008～2017）の材積成長量＋14年間（2003～2017）の枯損木材積＋2017年の広葉樹材積

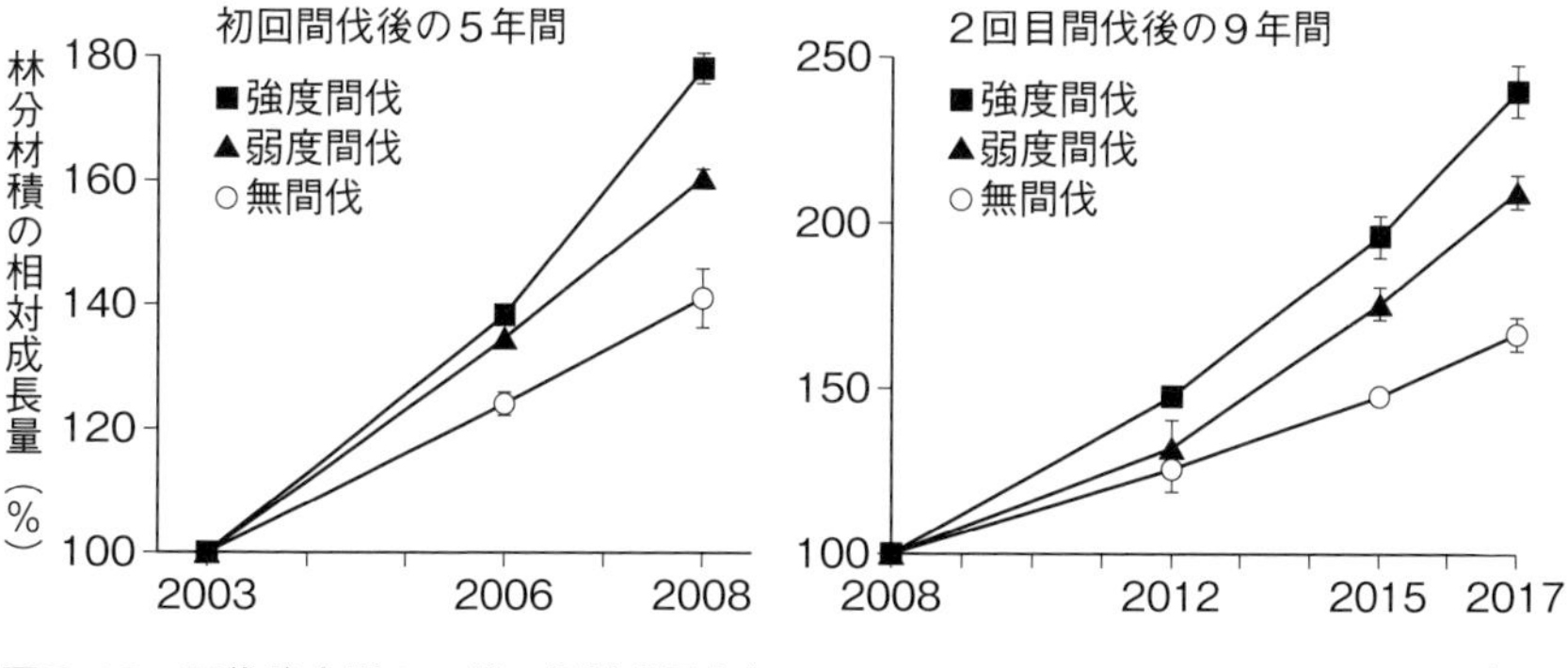

図7-15　間伐強度別のスギの相対成長率(Seiwa *et al*. 2012a. Negishi *et al*. 2020)
相対成長率(%)＝(期末の材積―期首の材積)／期首の材積×100

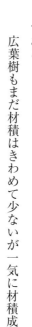

長を加速させようとしている。硝酸態窒素も無駄なく吸収し、葉の窒素濃度はスギの2〜3倍もある。このような物質生産能力の高い葉を今飛躍的に増やし続けている。土壌に供給される窒素量も年を追うごとに増えていっている。ますます材積成長が大きく増加することは間違いない。現時点では間伐で林分全体の材積が減り、そのために成長量もまだ弱度や無間伐より少ないが、広葉樹が大きくなるにつれ弱度や無間伐と同等、またはそれ以上の林分材積成長量を示すようになると考えられる。スギ林で強度間伐をすることは、最初はCO_2固定能を一時的に減らすが、広葉樹の成長で、初期の損失を補って余りある状態になることは間違いないだろう。

経営目標と強度間伐

人工林所有者は当初目指していた目標を実現できているだろうか。無節で年輪幅の揃った良質な高級材生産を目指していたかもしれない。疎仕立てで大径材生産を目指していたかもしれない。しかし、材価が見合わず放置している人も、伐期を延ばし延ばしにしている人も多いだろう。いずれにしても、水質浄化や洪水防止など水源涵養機能の向上や土砂流出防止などの生態系サービスについてはあまり気にしてこなかった人が多いのは間違いない。せいぜい、間伐をしていれば、そこそこ環境は保全され、生態系サービス（環境保全機能など）は維持されるだろう。そう思っていた人がほとんどだと思われる。それが普通だろう。まして、スギ人工林で野生動物や鳥類、それに多様な植物の生育場所を提供しようなどと考えていた人はまずいないだろう。しかし、スギ人工林でも、広葉樹を混ぜることによって、これまであまり実現できそうもなかった様々な経営目標を同時に、それも高いレベルで実現できるということを尚武沢試験地は示している。

尚武沢スギ人工林では強度に間伐すると、林冠レベルで広葉樹と針葉樹が混交し、種多様性が増加した。そのため、様々な生態系サービス（水質浄化、洪水防止、生産力の向上や持続性）が大きく向上した。野生動物との共存も可能になるかもしれない。もし、種多様性と生態系サービスの向上の二つが主な目的であれば間伐率60％以上の強度な間伐が最も適切な方法である（図7-16）。さらに、強度間伐は間伐直後に大きく材積を減らすように見えるが、混交林化による窒素循環や受光態勢の改善によって生産力が向上しつつある。長期的に見れば物質生産量（林分材積成長量、CO_2固定能）も最大化する可能性がある。しかし、強度間伐の問題点はスギの材質だ。年輪幅が広く、うらごけで節が大きいことだ。しかし、このような材質の低下は、均質な年輪幅を持つ大径材生産である程度相殺されるかもしれない。さらに、かなり時間が経てば、スギも広葉樹によって側圧を受け良質材が生産される可能性

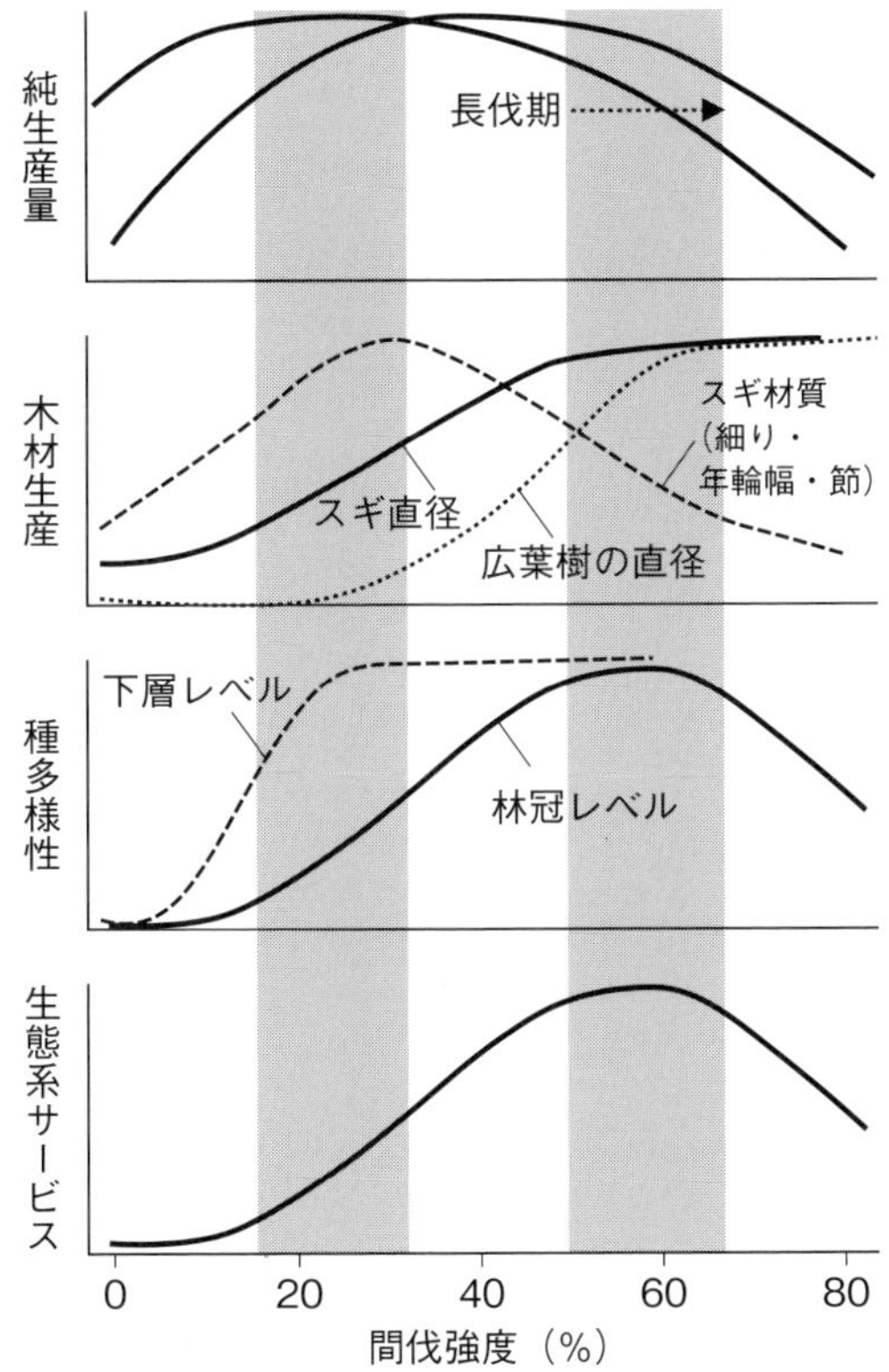

図7-16　間伐強度と管理目標との関係（Negishi *et al.* 2020に加筆）
生態系サービス：水質浄化、生産力の向上、生産力の持続、洪水・渇水防止、野生動物の生息場所の提供

もある。それに、高価な広葉樹材も収穫できる日も来るだろう。長期的に見れば、生態系サービスの回復だけでなく木材生産面からも経済的な不利益が減り、むしろ利点が大きくなっていく可能性がある。今後どうなっていくのだろう。膨大な尚武沢のデータをまとめた根岸沙知さんや根岸有紀さんたち若い学生さんたちも興味は尽きないようだった。

森林管理者が短期的な経済性を優先させるなら約25～40％程度の弱度間伐がよいだろう。定期的に間伐を怠らなければ針葉樹の良質材生産が可能だろう。しかし、下層レベルの植生回復では、これまで考えられてきたような生態系サービスの回復はほとんど〝ない〟ことは知っておくべきだろう。むしろ、弱度間伐を繰り返す単純林施業は地域や地球の環境改善にはあまり寄与しないという自覚が必要だ。それに、5～10年といった短い間隔で間伐を繰り返さないと、すぐに競争密度効果が強くなり劣勢個体から材質が悪化していく。将来の見えない間伐を繰り返すより、生態系サービスを取り戻すことの方が現代的意義は大きい。税金を投入してまで弱度間伐を続けることはもうあまり意味はないだろう（11章参照）。特に、戦後の拡大造林で作られた膨大なスギ人工林を取り巻く社会的状況は大きく変わっている。林業を立て直すには小手先では、無理である。時間はかかるが、森林の構造を根本から変えていく必要がある。そして初めて、生産力が持続し、周囲の環境も保全される。地球環境も地域の環境も保全するといった背景なしに木材は売れない時代にすでに入っていることを知るべきだろう。この時代に、森林を管理し、木材を販売することの責任は大きい。

8章

人工植栽で混交林をつくる

今の日本の針葉樹人工林の齢級配置は一山型（凸型）だ（図8-1）。若齢林分ほど少ない。「このままではスギの木材供給が途絶えてしまう。だから、主伐したらまたスギを植える」。当たり前のように再造林が勧められている。しかし、立ち止まって冷静に考え直してみよう。放置されている林分だろうが、少しずつ間伐されていようが、少しずつ伐期が延長傾向にあり、蓄積量は毎年増えている。一方、空き家が増え続けている今、どれほど木造の建築物が増えようが、それが高層化しようが、だぶつくことは目に見えている。蓄積だけ増やしてどうなるのだろう。それでも、齢級配置を少しでも是正したいのであれば、単なる再造林はやめて、広葉樹と混植して混交林を目指すのはどうだろう。そうした方が、木材は森の中に安全に備蓄され、利用したい時に必要な量だけ、いつでも伐ることができるだろう。

人工植栽は天然更新よりはコストがかかる。植栽した樹種がその場所に適しているかは不安だし、将来安定した構造になるかもわからない。しかし、見渡す限り人工林に囲まれ、広葉樹林から遠い場所では広葉樹の種子もほとんど飛んで来ない。特に、繰り返しスギやヒノキなどを植え続けてきた古い林業地や、人工林率が高く人工林が大面積で広がっている西日本では、埋土種子も少なく天然更新が困難な場所も多いだろう。そんな場所では天然更新はあまり期待できない。広葉樹を人工的に植栽した方が確実だ。もちろん、目標林型は地域固有の種多様性を持つ老熟し

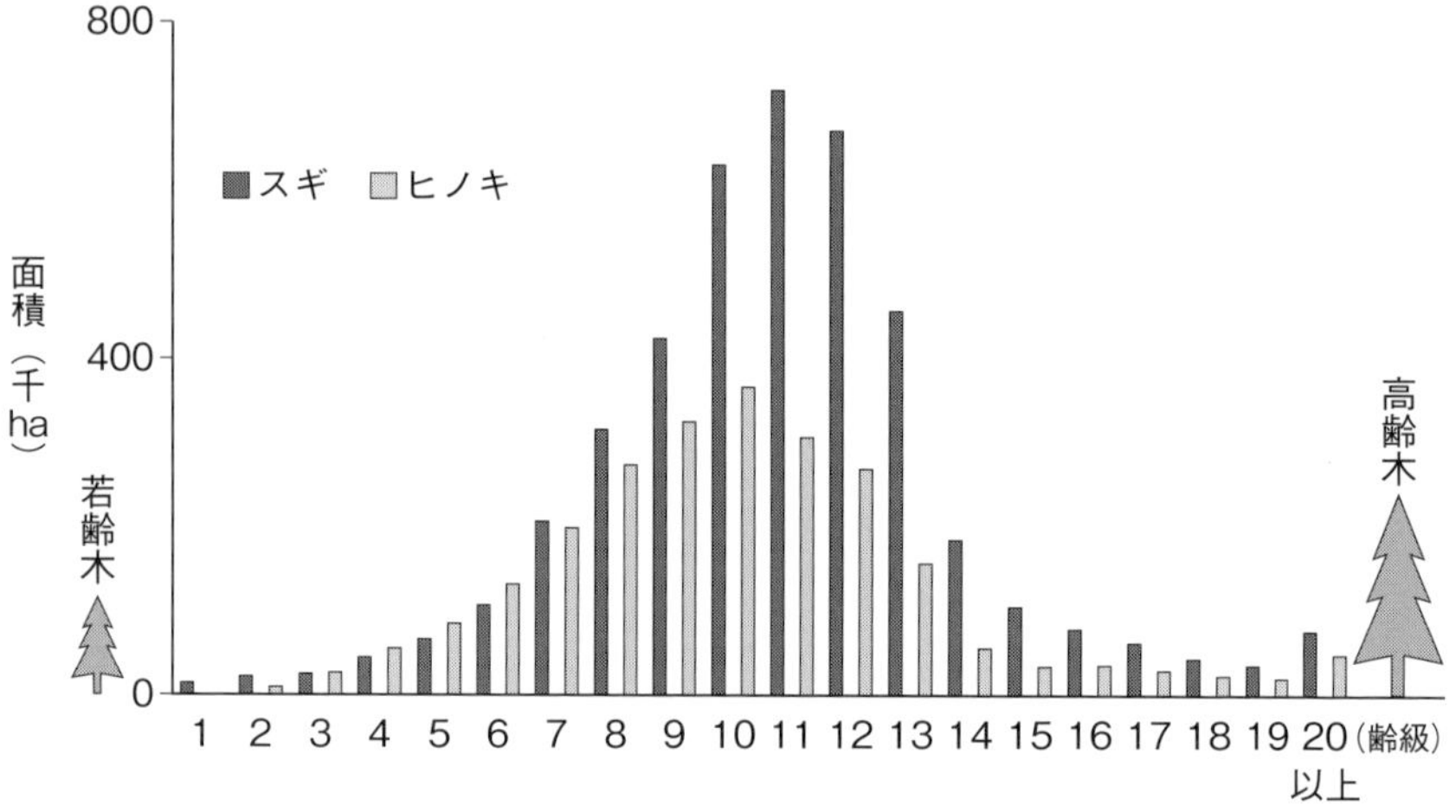

図8‐1　スギとヒノキの人工林の齢級別面積（林野庁ホームページ、2021）
齢級は森林の年齢のことを示し、林齢を5年の幅でくくった単位。苗木を植栽した年を1年生として、1～5年生を「1齢級」とする

たスギ天然林である。ここではそのための手順を考えてみたい（図8‐2）。

❖種子は地域内から採取

まずは種子の採取だ。地域の気象条件などに適応した樹木の集団である〝地域個体群〟から採取することが肝要だ。遠隔地から種子を採取したり買ったりして育苗した苗木を植えると、遅霜や寒風害・雪害などによって枯死したり、著しく成林が遅れたりする。さらに、繁殖し始めると、適応的でない遺伝子がその周囲に拡散して地域の個体群が衰退してしまう懸念がある。

❖地形や土地条件に適したものを植える

広葉樹の天然林でも、スギの天然林（6章参照）でも、樹種ごとに生育に適した地形・微地形がある。それぞれ環境要求性が異なるからだ。し

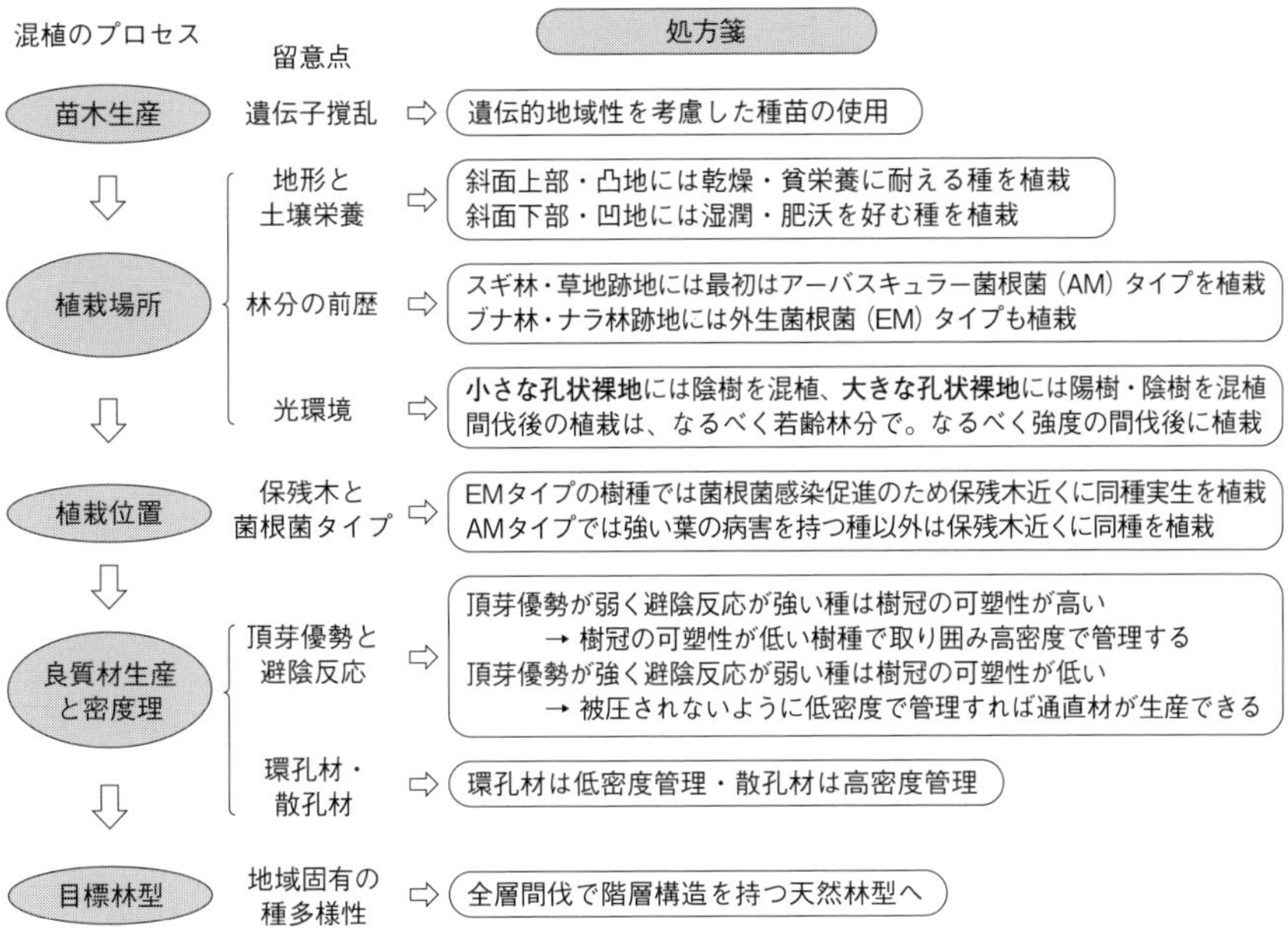
混植のプロセス
留意点
処方箋
苗木生産
遺伝子撹乱
遺伝的地域性を考慮した種苗の使用
植栽場所
地形と
土壌栄養
斜面上部・凸地には乾燥・貧栄養に耐える種を植栽
斜面下部・凹地には湿潤・肥沃を好む種を植栽
林分の前歴
スギ林・草地跡地には最初はアーバスキュラー菌根菌（AM）タイプを植栽
ブナ林・ナラ林跡地には外生菌根菌（EM）タイプも植栽
光環境
小さな孔状裸地には陰樹を混植、大きな孔状裸地には陽樹・陰樹を混植
間伐後の植栽は、なるべく若齢林分で。なるべく強度の間伐後に植栽
植栽位置
保残木と
菌根菌タイプ
EMタイプの樹種では菌根菌感染促進のため保残木近くに同種実生を植栽
AMタイプでは強い葉の病害を持つ種以外は保残木近くに同種を植栽
良質材生産
と密度理
頂芽優勢と
避陰反応
頂芽優勢が弱く避陰反応が強い種は樹冠の可塑性が高い
→ 樹冠の可塑性が低い樹種で取り囲み高密度で管理する
頂芽優勢が強く避陰反応が弱い種は樹冠の可塑性が低い
→ 被圧されないように低密度で管理すれば通直材が生産できる
環孔材・
散孔材
環孔材は低密度管理・散孔材は高密度管理
目標林型
地域固有の
種多様性
全層間伐で階層構造を持つ天然林型へ

図8-2　混植の留意点と処方箋

たがって、植栽予定地の地形をよく見て、適地に植栽する必要がある。いわゆる〝適地適木〟である。宮城県の起伏に富む6haの広葉樹天然林をくまなく調べてみると、地形・微地形に応じて土壌の肥沃度や水分量が大きく異なり、それに応じて樹木の分布も大きく左右されていた。尾根や凸型の場所では土壌が乾燥し窒素濃度が低く、そこではコナラ・ミズナラ・クリ・アカシデ・アオダモなどがよく見られた。一方、斜面下部から谷にかけて特に凹地形の土壌は肥沃で水分量も多く、ブナ・トチノキ・ヤチダモ・イタヤカエデ・ウワミズザクラ・ハルニレなどが見られる。しかし、地形・微地形にあまり影響されない樹種の方が全体の3分の2を占めていた。適地適木は見極めが大事である。やはり、地域ごとに詳細な手引書の作成が必要だろう。

　土地の前歴を知り、その場所にはどんな菌根菌が優占しているのか見極めることも大事だ。7章でみたように、前歴がスギ人工林や草地だった場所では、土壌中にはアーバスキュラー菌根菌が優占する。したがって外生菌根菌タイプのブナ科、カバノキ科、ヤナギ科などの樹種は、そこでは外生菌根菌に感染できないため定着がおぼつかなくなるだろう。やはり同じアーバスキュラータイプの広葉樹（上記3科以外の樹種）を植えた方が成長は早いだろう。菌根菌の力は想像以上に強いので、これからの施業では菌根菌への感染については特に留意すべきだろう。

❖間伐後の植栽――間伐率が低いと陰樹を、高いと陽樹も植える

天然林ではギャップ（孔状裸地）の大きさによって更新してくる樹種が異なる。スギ人工林でも間伐強度によって種組成は異なってくる（7章参照）。したがって、植栽場所（伐採跡地）の面積すなわち明るさによって植える樹種を変えた方がよい。群状間伐や列状間伐でも空き地が大面積であれば、また単木的（点状）間伐でも間伐率が高ければ、陰樹だけでなく陽樹も植えても大丈夫だろう。ヤマハンノキやカンバ類、クリ、キハダなど強光利用型の陽樹（遷移初期種）が最初に成長し、その下でブナ、アオダモ、イタヤカエデなど弱光でも育つ陰樹（遷移後期種）がゆっくり育っていくだろう。2段林的な階層構造ができれば成功だ。小面積の群状間伐では強光利用型の陽樹は成長できないので、耐陰性の高い遷移後期種を選んで、それらを混植するのがよいだろう。単木的に弱度の間伐した場所では遷移後期種を植えても林冠での混交はかなり難しいだろう。

耐陰性の異なる樹種を間伐後に植栽し、その後15年間観察した結果を兵庫県の藤堂千景さんが

報告している。32年生の密度1770本／haのスギ人工林に本数間伐率55・5％（材積間伐率45・0％）の間伐を行ない、成立本数を780本／haとした。16m×16mのを4区画にヤマザクラ、ケヤキ、ブナ、ミズナラの2年生苗木を2・2m×2・2mの間隔（2000本／ha）で49本ずつ植栽した。間伐直後は広葉樹4種いずれも順調に成長していた。しかし、林冠の閉鎖に伴う光環境の悪化に伴い、特に耐陰性の低い樹種ミズナラ、（注8）ヤマザクラはほとんど枯死した（図8-3上）。一方、耐陰性の高いブナ、ケヤキは上記2種より死亡率は低く、樹高も緩やかに成長している（図8-3下）。しかし、図をよく見ると間伐後9年過ぎるとほとんど樹高が伸びていない。この試験地の本数間伐率は56％だが下層間伐なので材積間伐率は45％だ。尚武沢の強度間伐区の本数・材積間伐率は共に67％なのでそれに比べるとかなり低い。だから本数間伐率が高い割にはあまり明るくはならず、間伐後15年も放置すれば閉鎖もかなり進み、耐陰性の高いブナでも成長できなかったのだろう。この試験地の間伐時の林齢は32年生で尚武沢試験地の20年生と比べるとかなり高齢である。すでに大きく育ったスギに、後から植えた小さな広葉樹が追いつくのはかなり難しいことを示している。もっと若い時に、もっと強度に（尚武沢試験地のような材積率で60％以上）間伐した方が、陽樹も陰樹も確実に更新させることができるだろう。

（注8）ミズナラは耐陰性が低いと言われるのは温帯下部の南東北以南で、東北北部から北海道にかけての冷温帯林では相対的に耐陰性が高い樹種に分類され、極相種になる（清和研二『樹は語る』築地書館を参照）

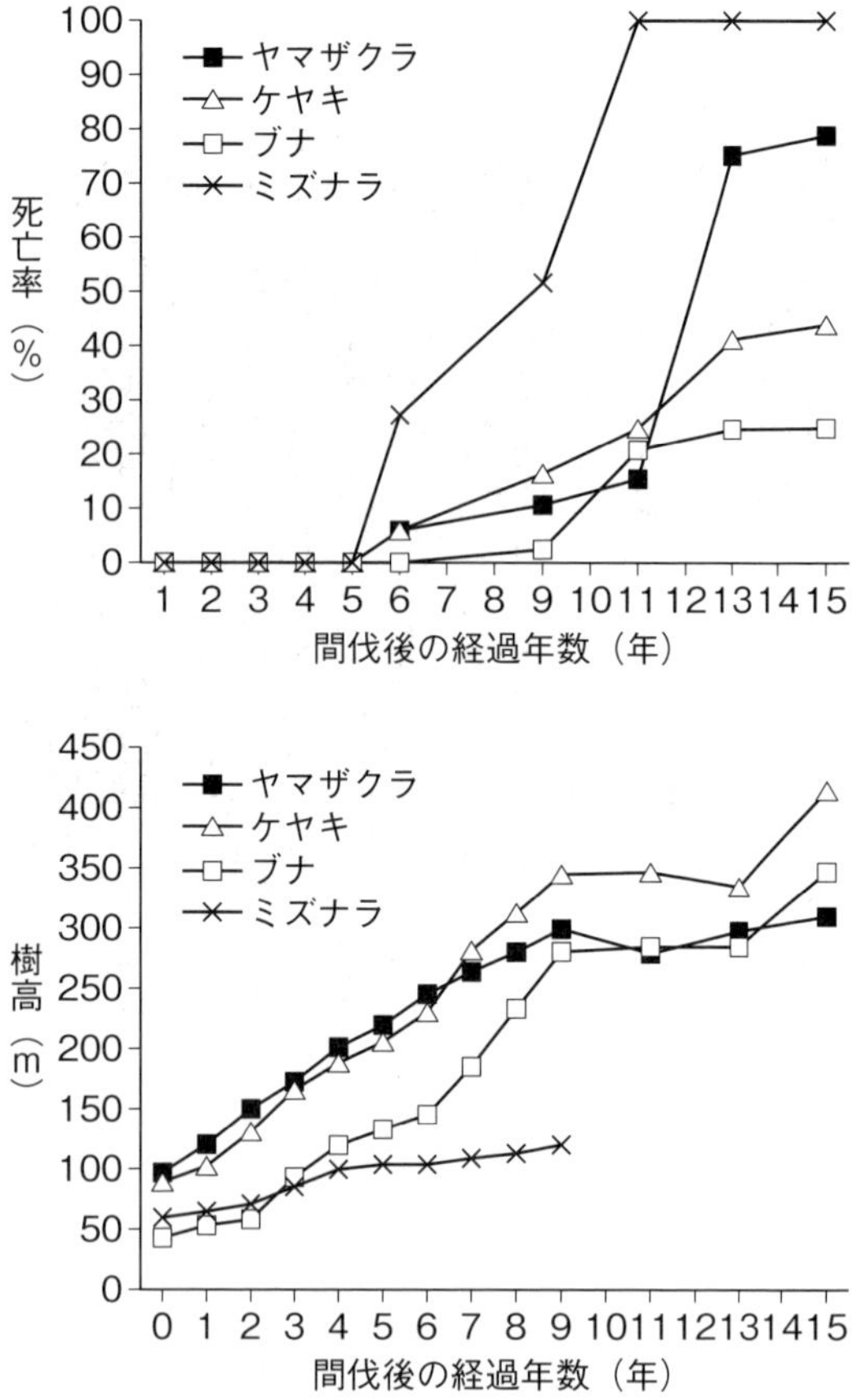

図8-3　スギ人工林の間伐後に樹下植栽した広葉樹4種の死亡率と樹高の経年変化（東堂 2015）

❖空き地での混植(1)——ブナは大苗で成林

秋田の広い放牧地跡に１９９９年にブナとスギを混植した若い林分がある。秋田県林業センターの和田覚さんに案内してもらった。高さ０・５ｍのスギ苗とサイズの違うブナの苗（大苗：高さ１・２ｍ、中苗：１・０ｍ、小苗：０・８ｍ）を交互に混植した。植栽間隔１・２ｍの方形植え

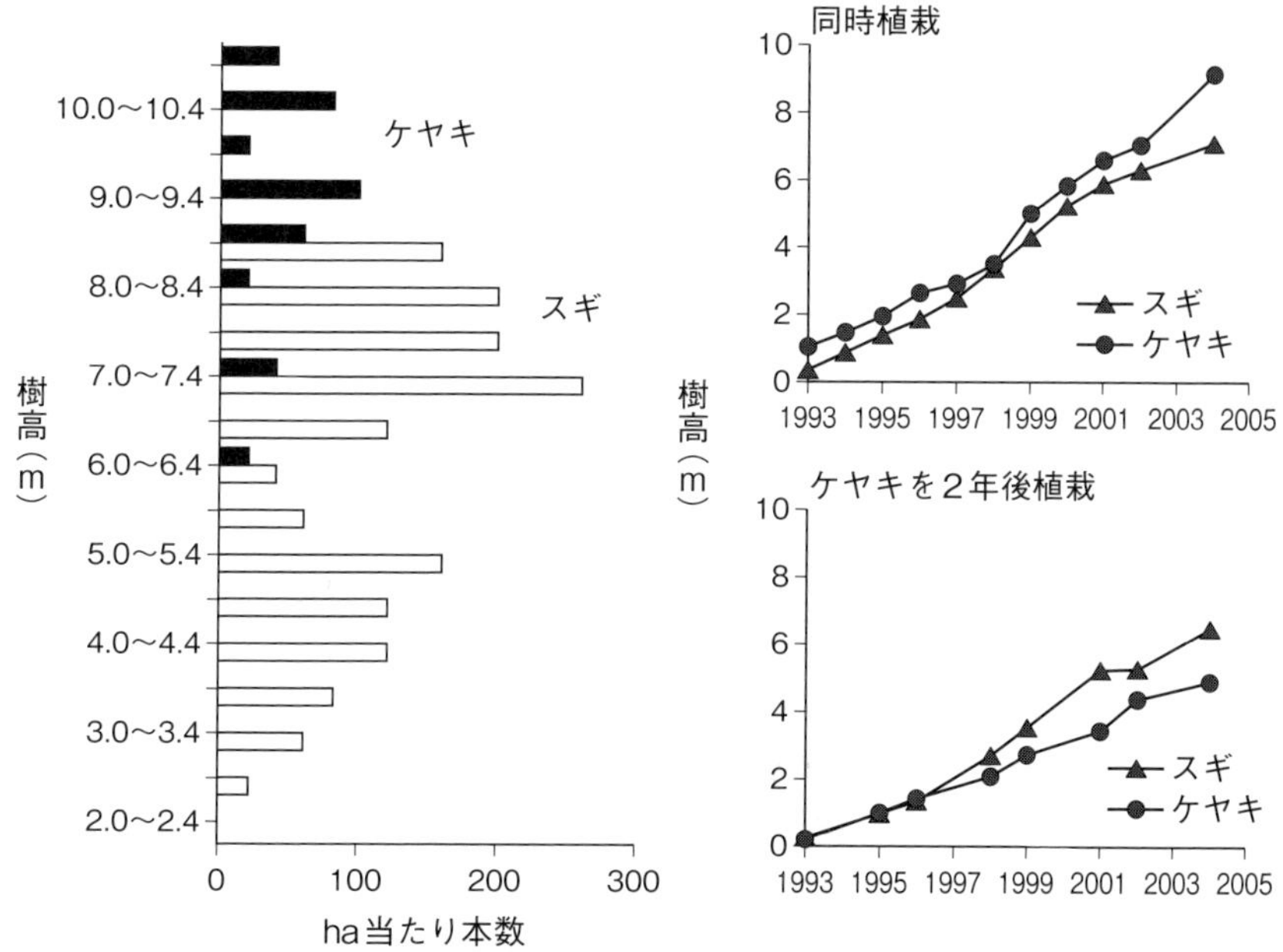

図8-4　スギとケヤキの混植（澤田 2006）

である。2020年時点ではいずれもスギが最も背が高く（平均樹高、11・4～13・1m）、その近くまで成長していたのは大苗（7・8m）と中苗（8・1m）で、小苗（6・5m）は競争に負けて被圧されていた。また、生存率はスギが最も高く（90％ほど）、ついで大苗・中苗（68～78％）で、遅霜害を受けた小苗（38～50％）が最も低かった。大苗と中苗のブナはスギを少し抜き切りして解放してやれば、林冠を分け合い混交林になるだろう。ブナのような成長の遅い広葉樹はスギに負けないように大きな苗を植えて初期の被圧や遅霜を回避することが大事だ、と和田さんは言っていた。

❖空き地での混植（2）――ケヤキも大苗で成林

ケヤキの用材生産を目指してケヤキの周囲をスギで取り囲む、といった時代を先取りした試験が秋田で行なわれている。スギの30㎝の苗木と1mのケヤキの苗木を同時に植栽した。スギはha当たり2700～3000本、ケヤキはha当たり400～600本の密度で単木状に混交植栽を行なった。植栽後約10年間ずっとケヤキの方が成長がよかった（図8‐4右上）、と秋田県庁の澤田智志さんたちは報告している。樹高の頻度分布を見ると、ケヤキは上層部に集中しており、スギは上層から下層まで広い範囲に分布している（図8‐4左）。ケヤキをスギよりも遅く植えるとスギの成長が勝り、ケヤキは被圧されてしまう（図8‐4右下）。やはり、ケヤキでは大苗を同時植栽して混植初期の段階からケヤキが上層空間を支配するような競争状態を作ることが大事だろう。

❖保残した広葉樹の下での植栽――外生菌根菌タイプでは近くに植栽

広葉樹林を伐採して新植するなら、皆伐は決してしてはならない。タネをつけるようになった大きな広葉樹は保残木として適当な間隔で残した方が実生の定着がよくなるからだ。特に外生菌根菌と共生するタイプのブナ科の樹木では、同種の実生は成木に近いほど大きくなる（図6‐7参照）。菌糸ネットワークによる養分の転流によって実生の成長が促進されることが北米と日本などでよく知られている。したがって、保残木として残した外生菌根菌タイプの成木の近くには同種の苗木を植えた方がよい。

一方、アーバスキュラー菌根菌タイプの樹種では、暗い林内では親木の近くでは同種の実生は土中の立ち枯れ病や葉の病気などの攻撃によって死亡する場合が多い（図6‐7参照）。しかし、明るい場所では、土壌病原菌の活動性は低くなるので必ずしも親木の近くが危険だとは限らない。イタヤカエデは外生菌根菌タイプと同じで、親木に近い実生ほどアーバスキュラー菌根菌に感染して大きくなる。しかし、ミズキやウワミズザクラなどは親木の葉に感染した病原菌によって親木の近くの実生はほとんど死んでしまう。このようにアーバスキュラー菌根菌タイプでは樹種によって傾向は大きく異なるようだ。成木の下が定着適地かどうかは、樹種ごとに詳細を調べてから判断する必要がある。

9章

広葉樹の良質材をつくる
——曲がりや太枝を抑制する方法

❖アズキナシを真っ直ぐにするスギの側圧

尚武沢の強度間伐区では、ミズキやイタヤカエデは通直に伸び、下枝が枯れ上がり始めている（図7-13参照）。スギには広葉樹の形質を改善させる力があるようだ。その力を再確信したのは山形県長井市での調査であった。

薪炭林を皆伐した跡地を見て、野川森林組合の人たちは考えた。〝スギを植えて大きくなったら皆伐する。そして、再び植林する。こんな繰り返しはもう避けたい。林地を丸裸にしないで、絶えず森林状態が維持できるような森を作りたい〟。そこで、地ごしらえの際、高さ1mほどのブナとクリの稚樹は残したのである。他のミズナラやサクラなどの稚樹は伐り払った。なぜ、ブナとクリなのかは聞かないでしまったが、いずれにしても、この2種とスギの混交林を目指したのである。1998～2001年までスギを植栽し、その後4、5年ほど下刈りし、除伐も2、3回行なった。しかし、2020年に調査したら、当初の目論見は大外れだった。ブナもクリもほとんど残っていなかったのである。その代わり、イタヤカエデ・アズキナシ・ホオノキなどなどが樹高12～18mまで成長していた。胸高直径も最大45cmになっていた（図9-1左）。林冠に達し

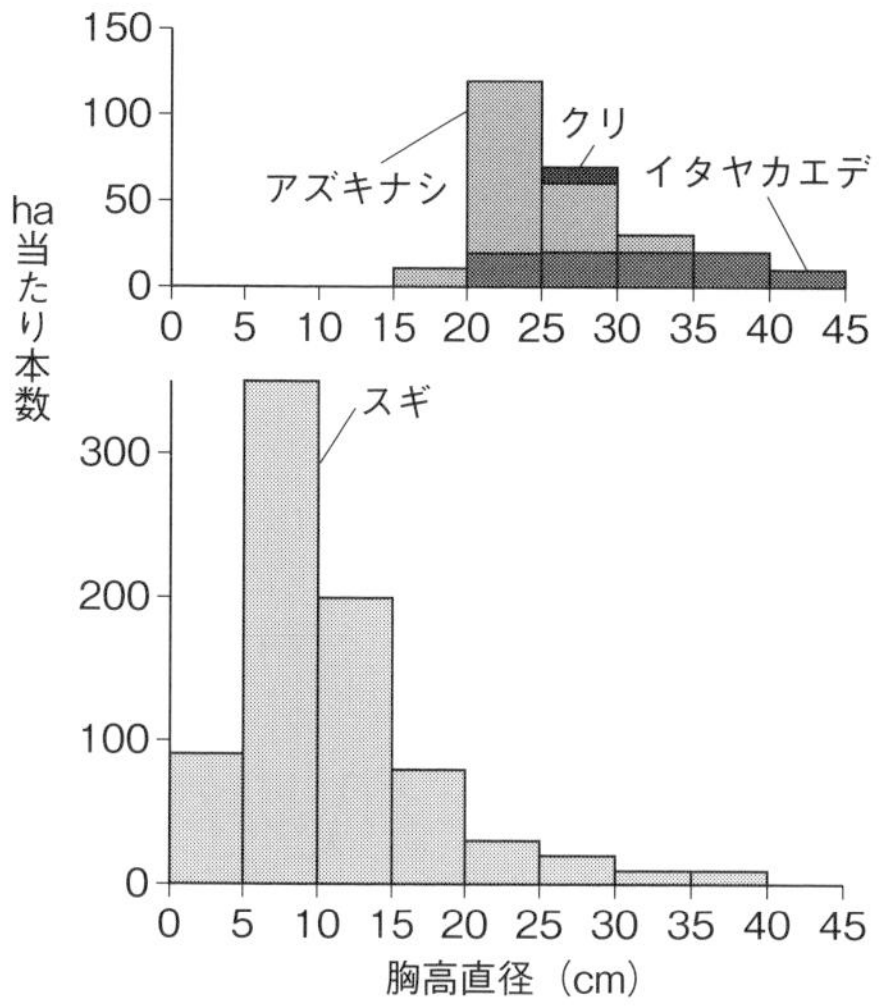

図9-1　広葉樹が混交した20年生スギ人工林の直径の頻度分布（左）、スギに取り囲まれ通直に伸びるアズキナシ（右）（「広葉樹を暮らしに生かす山形の会」の調査データより）

ているスギは少ない。広葉樹の合間にチラホラと見える程度だ。多くは広葉樹に被圧されて、樹高は2～7ｍしかないものが多い（図9-1左）。雪圧で傾斜したり、曲がったり、寝そべったりしているものも多い。一方、アズキナシやイタヤカエデは枝下高が高く通直なものが多い。よく見るとスギが周囲を取り囲んでいる（図9-1右）。スギの側圧を受けて、枝が枯れ上がったのだろう。それとも、スギの側圧を受け、枝を横に出すことなく上へ上へと伸びたのかもしれない。スギの多くは広葉樹に被圧されているが、生き延びて広葉樹の形質を改善していたのである。このような広葉樹とスギの関係は、枝のない通直な広葉樹を生産しようとする場合、大きなヒントになりそうだ。どうしたら、通直で太枝の出ない良質な広葉樹を生産できるのだろうか。

林業の先進地、ドイツは針葉樹と広葉樹の混交林造成の先進地でもある。混交林における樹木の形状が材質に及ぼす影響については40年以上のデータの蓄積があるとドイツの教授が教えてくれた。プレッチェとライスの2016年の総説には「樹木の形態やそれに伴う木材の品質は、種固有の〝形態的可塑性〟と林分内の〝空間的位置〟の組み合わせが大事だ」と書かれている。つまり、形態的可塑性は遺伝的にある程度固定された種固有のものであり、人為では大きくは変えられない。しかし、樹木の林分内の〝空間的位置〟は周囲の木からの側圧や伐採による開放などの局所密度の管理によって人為的に調節可能である。この2点の兼ね合いで樹形をコントロールし、材質も制御できる可能性があるというのだ。これをヒントに良質材生産のための施業の仕方を考えてみたい。

❖頂芽優勢──通直に伸びるか横に伸びるか

孤立木は誰にも邪魔されず伸び伸びと枝を広げている。個性的で見ていて飽きないものだ。そこからは種固有の本来の樹冠の形、つまり、遺伝的に大きく決定されている姿が見て取れる。どんな樹冠形になるかは特に〝頂芽優勢〟が大きく関わっている。頂芽優勢とは〝幹の先端にある頂芽の成長が優先され、側芽（腋芽）の成長が抑制される〟現象のことを言う。頂芽優勢が強いと主幹の伸長が促進されて直立性が増す（図9-2）。頂芽優勢が弱いと側芽（腋芽）解放されるので、横方向に枝が伸びる。次第に丸い樹冠になっていく。

針葉樹は一般に頂芽優勢が強い。先端が尖り樹冠の下の方ほど

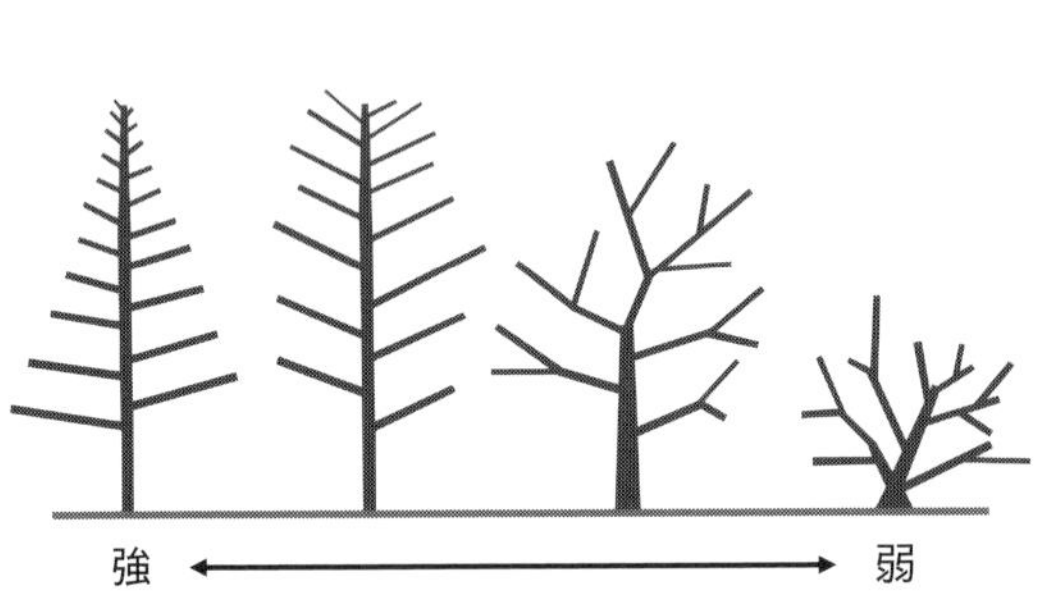

図9-2　頂芽優勢の強さと樹冠形

枝が長い。スギやトドマツなどは上に上にと伸びて通直な樹幹になる。メタセコイアも典型的な頂芽優勢の強い樹形を示す（図9-3）同じ針葉樹でもアカマツやクロマツは頂芽優勢が弱く、丸い樹冠を示す。広葉樹は針葉樹よりも頂芽優勢が弱い。それでもポプラ、ヤマナラシ、シラカンバ、ヤマハンノキなどカバノキ科の樹木は頂芽優勢が強く、真っ直ぐ上を向いて伸びてい

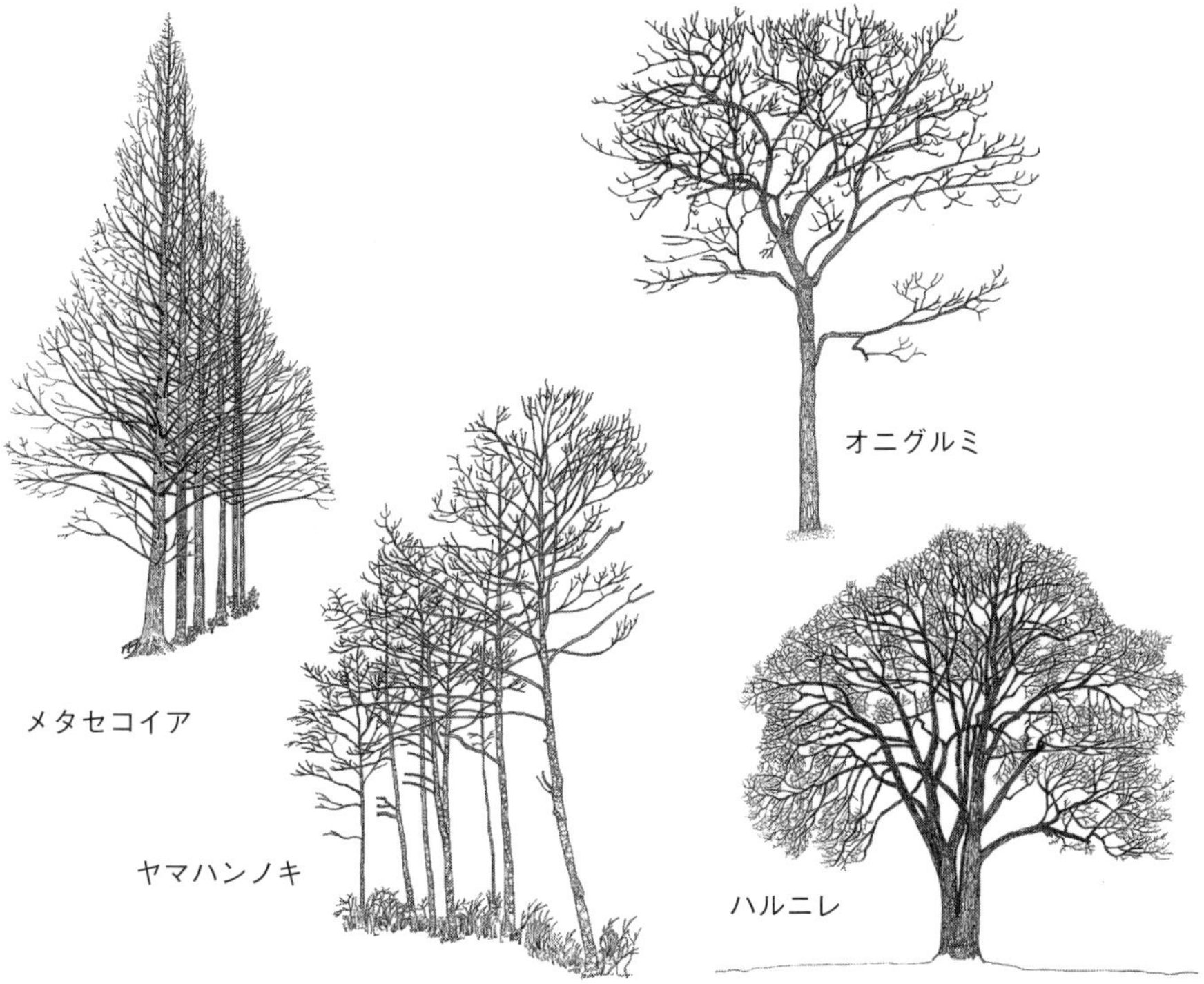

図9-3　頂芽優勢と孤立木の樹形
左から右にかけて頂芽優勢が弱くなり樹冠が丸くなる（清和 2015、清和・有賀　2017）

く。カエデ科でも、ウリハダカエデやイタヤカエデなどは頂芽優勢が強く、ヤマモミジやハウチワカエデなどは頂芽優勢が弱く丸い樹冠を示す。オニグルミやハルニレなどは頂芽優勢が弱い。上にだけ伸びないで、横にも斜めにも枝を伸ばし丸い樹冠を作っている（図9-3）。孤立木の形は遺伝的に支配されているが、樹冠の形は周囲の環境（密度や側圧）によって大きく変わる、つまり可塑性がある。どのように変化するのだろう。

❖避陰反応——緑陰を避けて幹を曲げる

樹木は周囲の木々との関係で樹冠を広げたり、狭めたりする。例えば、シナノキやミズナラ、イタヤカエデなどは隣接する林冠木が倒れ急に林冠ギャップができてポッカリと明るい空間ができると、そこを目指して樹冠を大きく動かしていく。結果的に幹が曲ったり、主幹のような太い枝がそこに向かって伸びて二叉のようになる（図9-4）。このように、暗い環境は避けて、明るい所に向かう植物の行動を〝避陰反応〟と呼んでいる（図9-5）。避陰反応は自分より大きな木の陰をフィトクロームというタンパクが感知して、新しい芽を開かないか、開芽しても枝を伸ばさないことで起きる。樹冠を透過した光は、光合成で赤色光（r）が吸収されてしまうため赤色光（fr）が少なくなると、赤色光／遠赤色光比（r：fr比）が減少する。するとフィ

図9-4　明るい方向に向かって何度も樹冠の方向を変えた痕跡が残るイタヤカエデの巨木（清和 2015）

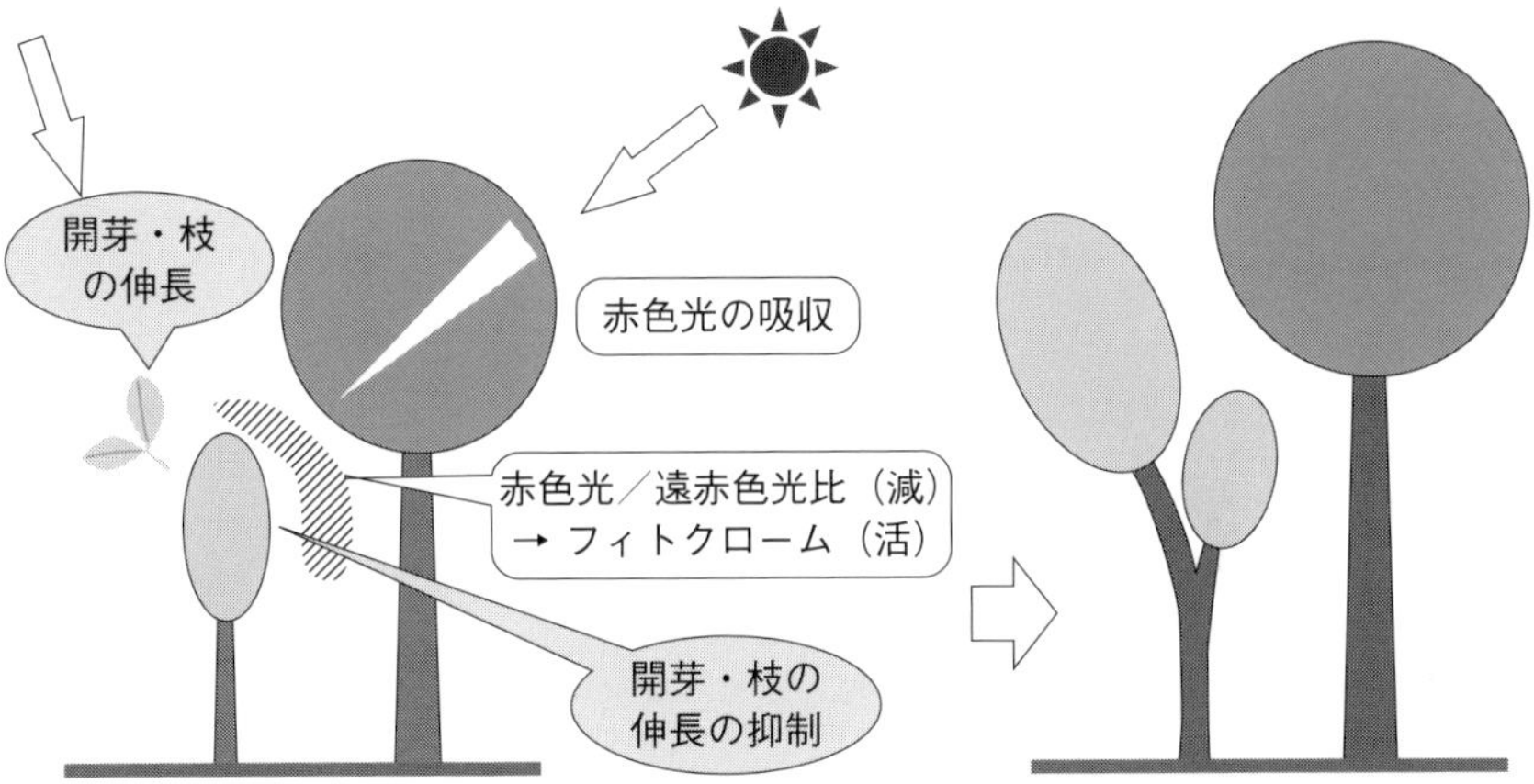

図9-5　避陰反応
大きな樹冠の側で育つ稚樹は被陰された側よりも明るい方向の芽を開いて伸びていく

トクロームが応答して開芽や枝の伸長を抑制するのである。種子発芽と同じメカニズムである（7章参照）。一方、光が当たる面では普通に開芽し枝が伸びていく。その結果、樹冠は明るい空を目指してゆっくりと曲がっていく。周囲の光環境に応答して樹形を変える可塑性の大きさは暴れ木を作ることにつながる。良質材生産にとっては克服すべき大きな課題だ。

多くの広葉樹を観察していると、定量的に検証したわけではないが、頂芽優勢と避陰反応の強さには密接な関係がありそうだ。頂芽優勢が弱いほど避陰反応が強く、隣接個体との競争を自らの樹冠形の可塑性で回避する。一方、頂芽優勢が強い樹種は主幹を伸ばし直立性を増すことで、光を巡る隣接個体との競争を勝ち抜いている。大まかに言えば、頂芽優勢と避陰反応の強さには負の相関関係がありそうだ。もちろん、例外も多い。例えば、ヤマモミジやハウチワカエデなどは頂芽優勢も弱く丸い樹形を作る。それなのに暗い方向へも枝を伸ばし避陰を避けることもない。たぶん、耐陰性の高さは避陰反応を多少弱めるのかもしれない。

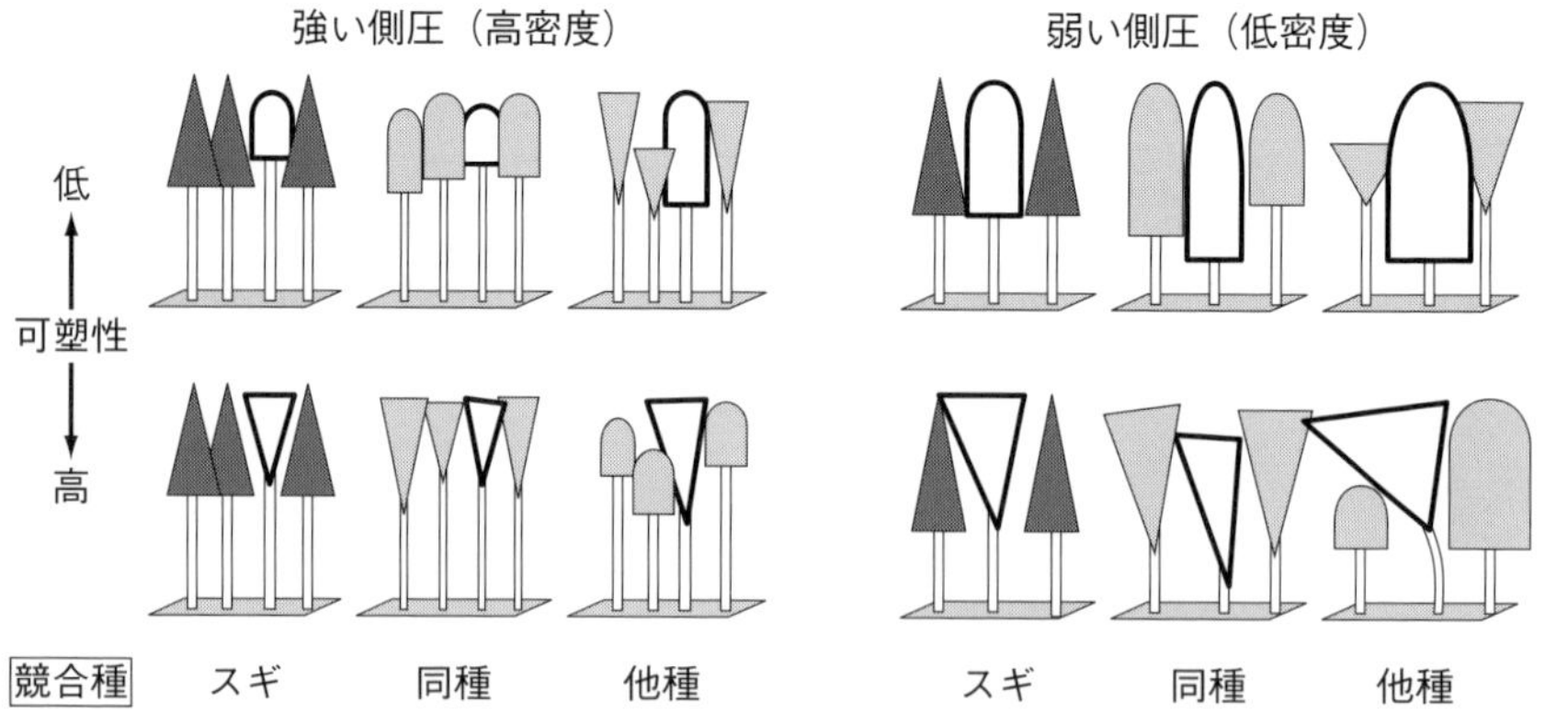

図9–6　対象とする広葉樹（太線・白抜き）の樹冠形態（木材の品質）に及ぼす対象木の形態的可塑性（低、高）と林分内での空間的配置（強い側圧、弱い側圧）の影響
強い側圧と弱い側圧それぞれで、競合種がスギ、同種の広葉樹、他種の広葉樹の３つの場合分けをした
（Pretzsch&Rais 2016を参考に大幅に改変・加筆）

いずれにしても、このような種固有の遺伝的特徴を種ごとに熟知し類型化していけば、樹形の制御が容易になるだろう。

❖良質材へ向けた密度管理
――側圧で曲がり・太枝を制御

頂芽優勢と避陰反応は樹木の形の〝可塑性〟に大きく影響する。この可塑性は林分内の個体が置かれている〝空間的位置〟によって制御できるだろう。どの程度制御できるかは〝可塑性〟と〝空間的位置〟の組み合わせで決まってくるといったプレッチェとライスの考え方に沿って模式化したのが図9–6である。組み合わせを見れば、樹種ごとにどのように管理したらよいのかが推測できる。広葉樹でも頂芽優勢が強く可塑性の低い樹種、例えば、ヤチダモ、サワグルミ、ハンノキ類、カンバ類、ウリハダカエデなどを考えよう（図9–6上の列）。通直性が高く常緑のスギと競合する場合はもちろん、競合する樹木が同種でも他種でも密度が高く側圧が強ければ、通直になるだろう（図9–

図9-7　ケヤキの孤立木（左）急斜面に成立した高密度のケヤキの純林（右）
（清和 2015）

6左上）。密度が低く側圧が弱い場合でも、通直性は維持できるだろう。しかし、枯れ上がりが起きないので太枝が下から出て樹冠が下の方まで長くなる可能性は高い（図9-6右上）。また、他種との競争は同種同士の競争より弱いので、より樹冠幅が広く枝も太くなる可能性がある。8章で紹介した秋田のスギとブナの混植試験では、興味深いことに、スギと混植した方が単植よりもブナの樹高が高い傾向が見られ、形状比（樹高／直径比）も高くなったことを和田さんが報告している。つまりブナ同士よりも、常緑のスギの強い側圧を受けたブナは横方向には樹冠を広げず、上方向に伸びたと考えられる。頂芽優勢の比較的強いブナは、スギとのほどよい競合状態を維持した密度管理をすれば、互いに側圧を受けることによって、枝のない通直な良質材の生産が期待できるだろう。

　では、頂芽優勢が弱く可塑性の高い広葉樹を見てみよう（図9-6下の列）。例えば、オニグルミ、ケヤキ、ハルニレ、サクラ類、ミズナラなどはどうだろう。ケヤキの孤立木は丸い樹冠を見せ、頂芽優勢が弱いことを物語っている。しかし、急斜面でいっせいに更新した密な林分では通

（注9）頂芽タイプと仮頂芽タイプ：枝のてっぺんの芽を頂芽と呼ぶが、枝の先端が萎縮あるいは脱落させてしまっているので、てっぺんについているように見えても、ほんとうは頂芽ではなく、それを仮頂芽と呼ぶ。頂芽を毎年交代して伸びる樹木はかなりの種類にのぼり、樹形に大きく影響する。

直で枝のないケヤキが並んでいる（図9-7）。密度が高いと枝が出ないのは当然と言えば当然だが、これは密度が高いと、側圧で通直性が増すことを示している。8章で紹介したスギとケヤキの混植の試験地では、「真っ直ぐに成長するスギに押されてケヤキが上に伸びているように見える」と澤田さんは述べている。ただし形質がよいのはスギと一緒に上層を形成するものだけで、下層に生育するケヤキは幹が低い位置から二叉になり、湾曲して用材生産には向かないようだ。可塑性の高いケヤキの周囲をスギで取り囲むといった上層での側圧がケヤキの形質をよくしているのだろう。これらのことは、ケヤキのような頂芽優勢の弱い樹種でもスギに囲まれたり、同種の密度が高い場合は比較的通直で太枝の少ない樹木ができることを示している（図9-6左下）。しかし、他種との競合では樹冠を棲み分ける場合がある。そんな時は、幹の下の方から太枝が出たり多少曲がったりする場合もあるだろう。さらに問題なのは密度が低く側圧が低い場合である。たとえ、同種・他種の広葉樹に囲まれても、明るい方向に太枝が出てきて樹形が曲がってしまう可能性が高いだろう（図9-6右下）。ただ、常緑のスギに囲まれていれば通直性が増し太枝も抑制されやすいことは言うまでもない。

このような類型化はまだ、初歩の初歩でしかない。樹形を決める属性には、頂芽優勢や避陰反応だけでなく、葉の耐陰性、頂芽タイプか仮頂芽タイプか（注9）、他の生理的な様々な要因も関わっている。また、この分類にはヤマモミジやハウチワカエデなどの頂芽優勢も避陰反応も弱い耐陰性の高い樹種などは含まれていない。理論的な研究はもちろん、経験的なデータを蓄積し、どのような類型化が必要で、それぞれのタイプの樹種にどのような管理をしていけば良いのかを考える時期に来ている。

❖環孔材と散孔材

広葉樹の丸太を輪切りにすると水分の通り道である丸い道管が見て取れる。道管が年輪に沿って環状に並ぶ環孔材と、道管があちこちに散在して見える散孔材の二つが主なものである。ケヤキ、ナラ類、キリ、ハリギリなどは環孔材で、これらは、年輪幅が狭いと強度が落ちる。年輪幅の狭いハリギリ（センノキ）はヌカセンと言われ釘が刺さらないという。環孔材は適度に太らせた方が材の強度は強いので周囲の木を伐って疎らな密度管理がよいだろう。しかし、太り過ぎると釘が刺さらないほど硬いオニセンになってしまう。やはり、中庸な密度で管理するのが良いだろう。難しいものである。一方、ブナ、ホオノキ、サクラ、カツラ、シナノキなどの散孔材では年輪幅が密な方がよいので、ある程度の高密度管理がよいだろう。しかし、可塑性の制御も念頭に保育していく必要がある。このように混交林における良質材生産は難しいように思える。しかし、データを蓄積し実証的に類型化していけば、科学に裏打ちされた技術が確立するのは時間の問題だろう。混交林の未来は〝科学的合理性が伴えば〟、それだけ収益につながり楽しさに満ちてくるだろう。

10章

巨木林を目指す間伐——間伐木を利用しながら

❖自然のメカニズムに倣う

スギは寿命が長い。数百年は平気で生きている。ミズナラやトチノキなども500年以上も生き続け、アサダは400年、イタヤカエデも300年を超える。ブナでも200〜250年だ。樹木は気の遠くなるような年月をかけて、想像以上に大きくなる生き物なのである。しかし、本来の寿命を全うしているような大巨木は、今、日本中の森を見回してもどこにも見られない。スギも広葉樹も老熟林はほぼ全て伐り尽くされてしまったからだ。したがって、混交林としての良い見本が日本中見回しても少ない。老熟した混交林が近くにないのは混交林化を進める上では、拠り所がなく心もとない気がする。しかし、スギ人工林で広葉樹を天然更新させても人工植栽しても、時間が経てば多様な樹種が林冠に達し、そして樹種がゆっくりと置き換わりながら、種の多様性は高まっていく。時間をかければ、森そのものが自律的に安定した巨木の森を作ってくれる。われわれは、時間がかかることを忘れずに地域固有の種多様性と樹種固有の太さが実現されるのを見守ればよいのである。ただ見守るのではない。森に内在するメカニズムに倣い、少しだけ手をかけ、抜き伐りしながら利用し、共に生きていくのである。

尚武沢試験地のスギも広葉樹も自生山天然林に比べると格段に細く樹高も低い。枝下高も低く、材質的にも広葉樹の用材利用はまだまだ無理である。2020年秋に3回目の間伐も終わったので、放っておいて、広葉樹がもっと伸び太くなるのを当面待つしかない。それでも、目標とする自生山のスギの直径100㎝、広葉樹の直径100㎝にはほど遠い。比べたらまだ幼稚園児か小学一年生だ。スギ天然林に近づけるにはどうしたらよいだろうか。どのような管理をしたら、生態系サービスも個々の樹木の材質も向上させながら、木材を収穫し続けることができるのだろうか。混交林化は人の時間を超えた仕事である。それでも、地球で人類が森と共に長く生きていくには、どうしても必要な到達点である。これから様々な混交林化の方法が試されるだろう。地道にデータを積み重ね法則性を見出し、技術を改良していけば、道は自ずと開けていくだろう。

❖全層間伐で大径化、そして巨木林へ

地域固有の種多様性を持つ巨木林を目指す。そう目標を定めたなら、長い時間をかける覚悟で、保育しながら同時に収穫もしていくのが良いだろう。そのためには、スギも広葉樹も〝全層間伐〟が最適だろう。

広葉樹の伐採では、太い木だけを選んで伐るナスビ伐りが一般に行なわれてきた。太い木から順番に伐る、いわゆる〝上層間伐〟であるが、これは避けるべきだ。せっかく太ってきたのに、中途半端なサイズで伐ってしまうので、また一からやり直しになる。広葉樹本来の太さの半分にも、いや5分の1にも満たない段階で伐ってしまっては、森のためにも経営者のためにもならな

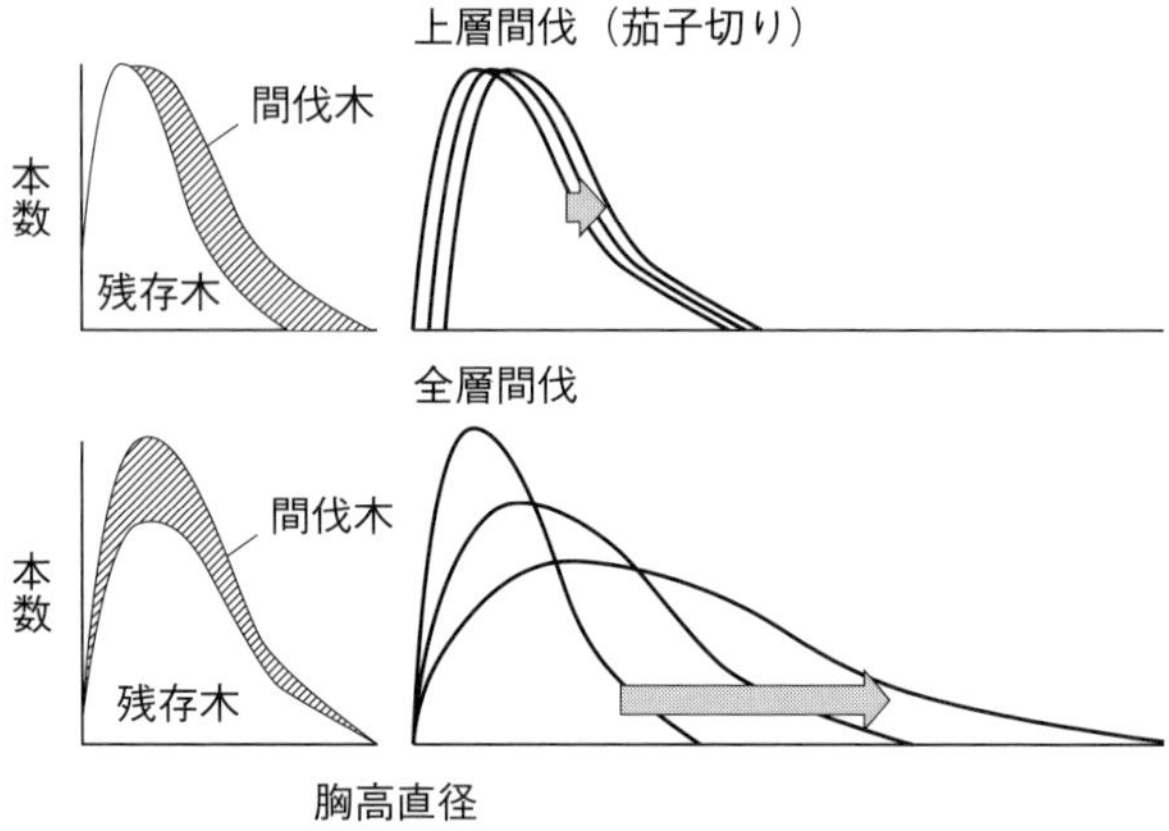

図10−1　上層間伐と全層間伐の間伐後の直径の頻度分布の推移
上層間伐ではいつも同じサイズに留まるが、全層間伐では大径材生産が最速で実現

い。すでに序章で述べたように全層間伐は太い木も中ぐらいの木も細い木も、全ての直径階で同じ割合で抜き切りする間伐方法である。したがって全層間伐では、太い木がなくならない。絶えず、間伐後もその時点での最大径級の個体が残り、それらが次第に太っていくので、最短で大径木の収穫が望める（図10−1）。一方、細い木から伐る下層間伐も間伐効果が低い。上層林冠の競合を緩和できないからだ。やはり、上層木（大径木）も一定の割合（7〜8割）で残し続ける全層間伐が将来のためになる。広葉樹は太ければ太いほど価値を増す。今、直径30㎝以上の木がha当たり２００本あってもナスビ伐りでそれらを全部伐ったら30㎝材しか収穫できない。また、下層から大きくなってくるのを10年、20年待つしかない。それでもまた30㎝材しか採れない。しかし、伐採時にはどの径級でも８割残せば、毎年直径が２㎜（片側１㎜）太るとしたら50年後には40㎝以上の個体が１５０本ほどは見られる。再度、全層間伐をして８割残せば１００年後には50㎝以上の個体が１００本近くも見られるようになる。そして２００年後にはうまくいけば70㎝以上の大径木が50本以上というのも夢ではないだろう。実際は毎年２㎜以上は太るのでもっと効果は早く現れるだろう。次第に大きくなる木を収穫しながら、次はもっと大径な木が収穫できるのである。いずれにしても時間がかかることを覚悟しなければならないが、それが本来の広葉樹林業だろう。それにしても、数百年生き抜

いてきた天然の大径木の年輪を一瞬にして断ち切った戦後数十年の〝略奪林業〟は、返す返すも愚かと言うしかない。

❖優占種も非優占種も全層間伐

全層間伐の際に残す木は、通直で遠い将来に高く売れると思われる形質の良好な木である。200年伐期でヒノキを育てている伊勢神宮林のように〝立て木〟としてペンキを二重に塗って残してもよいだろう。それも、全ての構成種で全層間伐をし、全ての樹種の個体数を均等に減らすのが理想だ。特定の種を全部伐ってしまい、種多様性を減少させることはしない方がよいだろう。別にそんなことはしなくても、長い時間をかけて種構成は自然に変化し、遷移初期種が自ずと減り、後期種が少しずつ増え大きくなってくるだろう。現状の種組成は、人為ではなるべく変化させずに、自然の推移に任せたままで、全層間伐を続けていけばよいだろう。

全層間伐の際、〝立て木〟と競合する樹木が同種で混み合っているなら伐った方がよいだろう。種内競争は種間競争より強いからである。種内の個体間では成長速度や耐陰性も似通っていて、同じ場所で同じ資源を巡って競争するのでせめぎ合いが強いからである。ではどのような樹種が同種内の競争の強まるタイプで、どのような樹種が種内競争の少ないタイプの樹種なのか。これは、最近の研究で菌根菌タイプと深い関係があることがわかってきている。6章でも見たように外生菌根菌（EM）タイプのブナやミズナラ、カンバ類、ハンノキ類などは集団を作り優占しやすい。EMタイプは個体数も多く同種の個体が集団を作るので個体間競争が強い。したがって、立て木を決めたら周囲の競合する個体を伐採した方がよいだろう。それに興味深いことに群れるＥＭタイプの樹木にはカンバ類、ハンノキ類などの遷移初期種で寿命が短くあまり太くならない樹種と、長命できわめて太くなる樹種（ミズナラやブナ、コナラなど）がある（図10-2）。これらは、同種の集団のまま、弱度の全層間伐を繰り返し、特に後者は巨木の群れに持っていけばよい。注意すべきは、伐採でできた空間に向けて太枝が出ないように、あまり大きな空間は作らないことだろう。とくにミズナラやコナラなどは避陰反応を起こして樹冠が可塑的に動きやすいので少し密な密度管理の方がよいだろう。しかし、これらは環孔材なのであまり密にしても強度が下がる。中庸な密度管理にすべきだろう。これらの一斉林を作りやすい樹種については前に述べた収量-密度図を参考にして管理すればよいだろう。多くの研究事例が残されている。

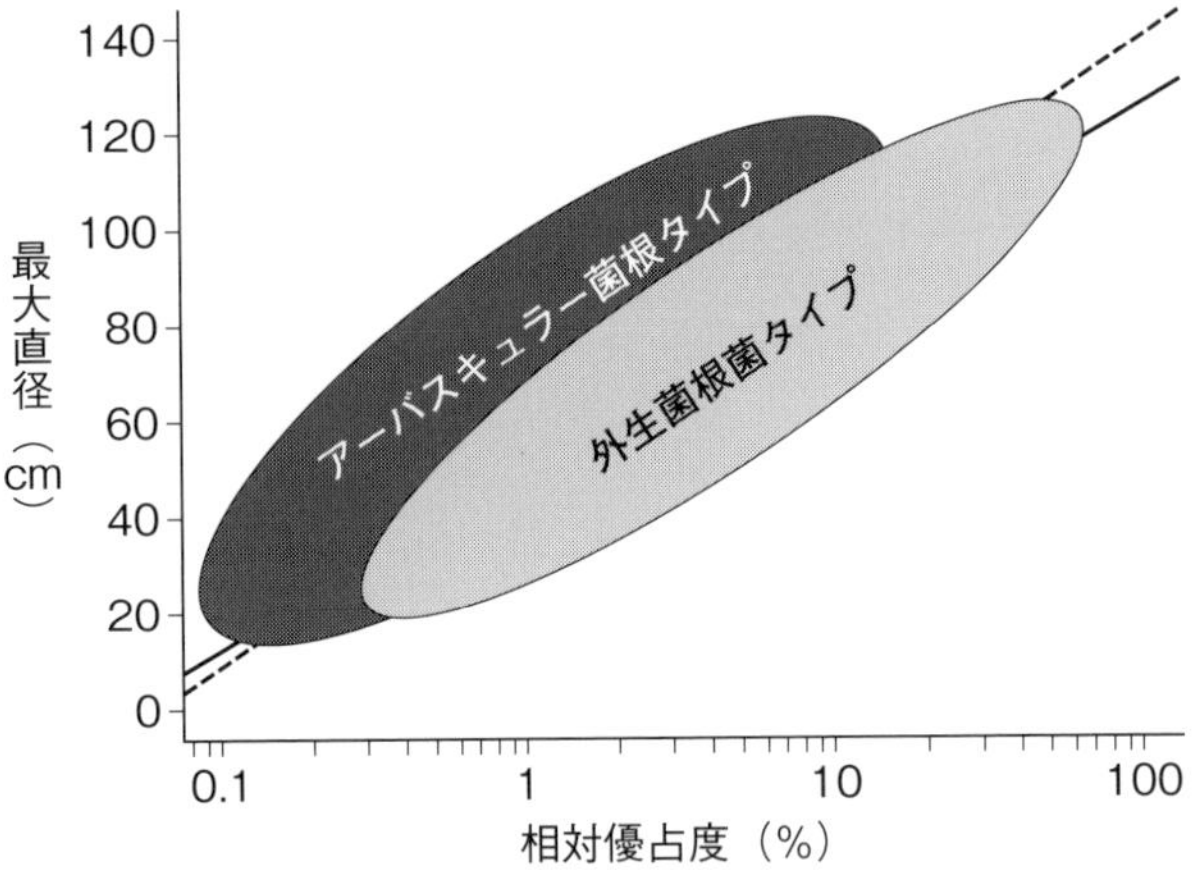

図10-2　老熟林における広葉樹の最大直径と相対優占度の関係（Sasaki *et al*. 2019を模式化）
最大直径の大きな樹種は優占度も高く、外生菌根菌タイプが多い。一方、最大直径の小さい樹種は優占度が低く、アーバスキュラー菌根菌タイプが多い

一方、これも6章で見たように、アーバスキュラー菌根菌（ＡＭ）タイプのミズキやサクラ、ホオノキ、イタヤカエデなどの成木は成熟した森林では互いに離れて分布するようになる。そのため、種内よりも種間の競争にさらされる。したがって、耐陰性の低い樹種なら周囲の個体を除き明るくしてやる必要がある。一方、耐陰性の高い樹種なら林冠を大きく破壊する必要はないだろう。ＡＭタイプの樹種はもともと個体数が少なくただでさえ更新しにくい樹種が多いと思われ

るので、普通に伐採すると相対優占度が維持できなくなる。したがって非優占種では優占種よりかなり弱度の伐採率で林分全体で全層になるような間伐をした方がよいだろう。つまり、林分内に散らばっている太い木も細い木も、それぞれ少しだけ伐採するのである。このように全層間伐を続けていけば、各樹種の相対優占度を変えずにそれぞれが太くなり森林は成熟していくと考えられる。しかし、AMタイプの樹木で全層間伐をしながら、残す木（立て木）を太らせ、かつ形質を悪化させないといった伐採木の選定は、とても難しいだろう。伐採後の樹冠の動き（可塑性）や成長速度は、樹種ごとに異なり、立て木の近傍にどんなサイズのどんな樹種があるかといった空間的配置によっても異なる。組み合わせは幾万通りもあるだろう。伐採に対してどう、応答するかといったデータを蓄積しながら前章で見たような類型化を試みていくしかない。それに複雑な構造をした天然林型なので伐採木の選定だけでなく、伐採の技術の高さも要求され、他の木を傷つけない繊細な丸太の搬出も求められる（コラム10-1）。混交林化は成林してからの方が、宿題が山積みだ。それでも、複雑な自然のシステムを理解し、それに倣い多様な高品質の木材を持続的に生産していくといった理想に少しずつ近づいていくしかないように思える。

同種同齢の人工林に比べ、多くの樹種が混交する森林ではそれぞれの個性が異なり、階層構造を作りニッチ分化も進むので多くの樹種が共存できる。しかし、多種が共存することと、良質材生産のための密度管理は矛盾することもあるだろう。例えば、立て木の枝を無駄に出さないように密度を高めると、樹冠を平べったくしたり、幹を大きく曲げたりして森林空間内の光資源を無駄なく使い切ることはできなくなる。そんな時は、迷わず、良質材生産のための樹形を維持するより、自然の成り行きでできる安定した構造を選んだ方がよいと思う。その方がCO_2固定能や水源涵養機能などの生態系サービスは高いと考えられるからである。もしそう判断するならば、幹の利用も通直材や無節材などにこだわることなく、曲がった木材や二又の木も多様な用途とデザインで利用し尽くす、といった考え方へ転換すればよい。自然を変えるのではなく、自然の力を最大限引き出しながら利用させてもらう、といった哲学が今、求められている。

コラム10-1　馬搬は広葉樹を傷つけない

尚武沢試験地ではせっかく大きくなった広葉樹がスギ間伐木の下敷きになった。〝混交林を目指している〟ということを作業する人たちに十分に伝えていなかったからだった。しかし、葉量推定のためにスギを伐採した際は、最低限の広葉樹しか傷つけることはなかった。事前によく説明したからである。技術がしっかりしている人たちに趣旨をきちんと説明すれば、伐採時の支障木は最低限で済むだろう。ただし、重機で丸太を搬出する際に傷つけないようにするのはとても難しい。そんな時は、「馬搬」が一番だ（図コラム10-1）。重機の作

図コラム10-1　間伐木を搬出する道産子馬（清和 2017）
北海道新得町のカラマツ人工林で、馬子の言うことをよく聞き、立木を傷付けることなく丸太を牽いていた

業は土壌表面を硬くし、土中への水の浸透を著しく妨げる。それに比べ馬搬では土壌が硬く締ることはない。また、近距離の搬出では重機よりもコストも低いとの研究報告もある。混交林化には最適の搬出方法だろう。

間伐しながら広葉樹を売る――希少な木、細い木、二又の木、枝も

「スギ林に広葉樹を混ぜてどうするのだ」と言う人は多い。その理由の一つは、「天然更新ではどんな樹種が出てくるかわからない。それに雑多な樹種が少しずつ出てきても売れる保証がない」というものだ。そう思っているのは、ミズナラ、トチノキ、サクラ、ヤチダモなどのいわゆる有用広葉樹しか見てこなかった〝古い時代の〟林業者だ。多様な広葉樹利用の糸口はもうすでに存在している。日本各地には広葉樹材好きがいっぱい居る。様々な意匠で小物から大きな家具まで作っている人も、それを買う人も増えている。きちんと修行した技術のしっかりした建具職人から、独学でも器用で新しい意匠の作品を作り出している人たちも多い。紹介しきれないほどの人たちが日々広葉樹材と向き合っている。日本各地の木工職人や木工作家たちは樹種の幅を広げてきた。誰も使ったことのない樹種の幹に鋸をあて色合いを確かめ、鑿で削り、カンナをかけ肌触りを確かめている。口々に自然素材を扱うことの楽しさや奥深さを話してくれる。それに応えるかのように店頭に並ぶ作品を見る眼も肥えてきた。厳しくも温かい批評に満ちている。この潮流は日本全国で広がりつつあり、次第に大きなうねりになっていくだろう。なぜならば、現代人が多様性に満ちた自然の一員であることに気づくことができる、直感的で身近な入り口だから

である。

しかし、職人や木工家たちが口々に言うのは、「どこから木材を手に入れたらよいのかわからない」。広葉樹材は有名銘柄であれば太いものはそれなりに流通している。いわゆる有用広葉樹と言われるミズナラ、トチノキ、クリ、イタヤカエデ、ハリギリ、キハダ、サクラ類など森の中で優占度が高く、そして太くなる樹種は、木材市場に行けば手に入る。しかし、森に行けば結構見られるアズキナシ、コシアブラ、アオハダ、アカシデなどは置いていない。ましてや、シラキ、アブラチャン、ツノハシバミ、クサギなど細くて稀な木は木材業者は扱っていないのである。それよりも、多くの伐採業者や木材業者は広葉樹の名前をほんの少ししか知らない。つまり、これまで売れてきたものだけ、ある程度太く、それもまとまった量が得られるものだけしか木材としては認識していない。ましてや、森の中にどんな木々があるのかは知らない。だから特定の樹種しか流通していないのである。つまり、森林所有者も、伐採・搬出を行なう林業者も、木材を取引する仲介業者も、森を構成するたくさんの木々を知らない。創意工夫をしながら木工をする人たちだけがいろいろな木々を探しているのが大方の現状だ。しかし、今、このような進取の気概を持つ老若の木工職人や木工作家が、多くの林業関係者の目を開かせつつある。

信州の有賀建具店の有賀恵一さんはこれまで100種以上の木々で建具・家具を作ってきた。まだ使っていない木があれば手に入れて何かを作ってみるということを繰り返してきた。有賀さんの仕事については、有賀さんと私との共著『樹と暮らす』（築地書館）に詳しく紹介したが、有賀さんはきわめて多くの樹種の木材の性質を知り尽くしている。三重県大台町の武田製材の武田誠さんは日本全国の変わった色合いや風合いの木々を徹底的に集めまくっている。手に入らない板を求めて全国から木工家がやってくる。有賀さんも顧客の一人だ。この人たちはもう何十年も広葉樹の美しさを地道に発信し続け、多くの人たちに影響し続けている。若い人たちも頑張っている。岐阜の森林文化アカデミーで木工を教える久津輪雅さんはイギリスと岐阜の古くからの木工文化に詳しく、伝統的な木工技術の継承や新しい木工の枠組みを精力的に発信している。アカデミーの卒業生、草刈万里子さんの小冊子、「里山スプーン」を久津輪さんにいただいた。きれいなデザインで装丁された表紙を開くと、少し驚いた。今、広葉樹利用で大事なことをきちんと整理している。つまり、これまであまり利用されてこなかった、とても細い木を利用していること。すべて直径10㎝以下でほとんどが5～6㎝の木だ。例えば、ヌルデ、アオハダ、リョウブ、タカノツメなどだ。どこに生育し、幹はどんな樹皮をまとっているか。そして、材の加工しやすさ、色合いなどを自分の言葉で書いている。最後に、自作のスプーンが載っている。山に行き、ノコで伐り、割って、細工をし、ヤスリをかけるまで、全て自分の手と目で確かめながら書いている。木々を大事にしている感じが伝わってくる上品な小冊子である。この冊子を見ていると、特に若い人たちは気づき始めていることがわかる。林業と林産業は分けてはならない、ということである。森での木々の姿から加工まで全ての過程をもうすでにつなげて考えているのである。これは大事なことだ。ノミやカンナを持ってモノづくりをしている人たちは、もっと森のこと、木々のことを知り、一方、森を所有し、広葉樹を伐採し売り払っている人たちはどんな人がどんな広葉樹材でモノづくりをしているのかを知る必要があるだろう。もう、細くて無名な広葉樹は売れるはずがないと思い込んでいる時代ではないのだ。

こんな状況に気がついて、両者を結び付けようと頑張っている人がこれも岐阜北部にいる。飛騨市職員の竹田慎二さんは、素材生産者、広葉樹専門の製材所、飛騨の匠の技術を伝承する職人のネットワークづくりを始めた。飛騨には広葉樹をうまく利用できる人材がすでに揃っているのに、それぞれがつながっていないことに気がついたのだ。さらに、このネットワークの優れているところは「広葉樹の小径材」をターゲットにしていることである。今、日本中どこに行っても大径材はない。稀に生き残った巨木を探し回り、切り倒している業者もまだこの日本には生き残っている。どういう自然観・歴史観を持ち合わせているのだろうか。日本の自然教育、近代史教育の浅さを思い知る。その点、飛騨市の取り組みはきわめて未来志向で地球環境にも優しい。飛騨周辺の広葉樹二次林を保育間伐し大径化を図る。その時、伐採された樹木、小径材も二又木も全て利用できないかをみんなで考える。このように考えることができるようになれば、スギ林にどのような広葉樹が混じってこようが怖いことはない。それぞれの地域でいろいろな得意分野を持つ人たちがいるはずである。集まって考えながら、臨機応変に伐採・利用できるシステムを少しずつ準備すればよいだろう。いずれにしても、これから混交林化して、広葉樹を伐採するまでまだ時間がある。それまでには日本中で小径・多種の広葉樹利用が進んでいるだろう。巨木林を目指しながら全層間伐した多様な樹種をあますところなく利用していくことができる時代は、すぐそこに来ているのである。そうなれば、全層間伐は面倒でも儲からないものでもない。スギ人工林に広葉樹を混ぜると経済的にマイナスだと思われていた未開な時代があったことを歴史が教える時代がそのうち来るだろう。

コラム10-2 蘇る轆轤、進化するロクロ——長く手に馴染む

近江の山深くに「木地師の里」と呼ばれる君ケ畑という集落がある。皇位継承に敗れた天皇の第一皇子が、轆轤（ろくろ）による木地の技術を確立したと言われる所だ。だからだろう。木地師は諸国の関所を自由に通行することができ、山への立ち入りも自由だった。ここから巣立っていった木地師たちは小椋姓を名乗り日本各地で轆轤の技術を伝えていった。

大勢で押しかけたにもかかわらず、小椋昭二さんは工房を案内してくれた。漆を塗らない木地は触ると木の体温が直接伝わってくるようだ。トチノキなどの大小のお盆に混じり目を引くものがあった。変わった紋様は、木材の腐朽菌が作ったものだった。菌同士の縄張り争いによってできた帯線と呼ばれるバリアーだ（図コラム10-2）。菌類が必死に描いた紋様は海外ではギターにも使われているという。なめらかな木肌と奔放な紋様、それにきっちりと蓋が閉まる精緻な技巧、なかなかの逸品である。君ケ畑の轆轤を200年ぶりに再興した家元の精神が凝縮されている。

君ケ畑で生まれた轆轤は秋田県の湯沢でボールペンを作っていた。建具工場の片隅にロクロが据え付けられ、中野徳之さんがイタヤカエデを削ってボールペンを作って見せてくれた。使ってみると手触り、バランス、蓋の収まり、いずれも秀逸だ。ペンの芯もとても良いものを

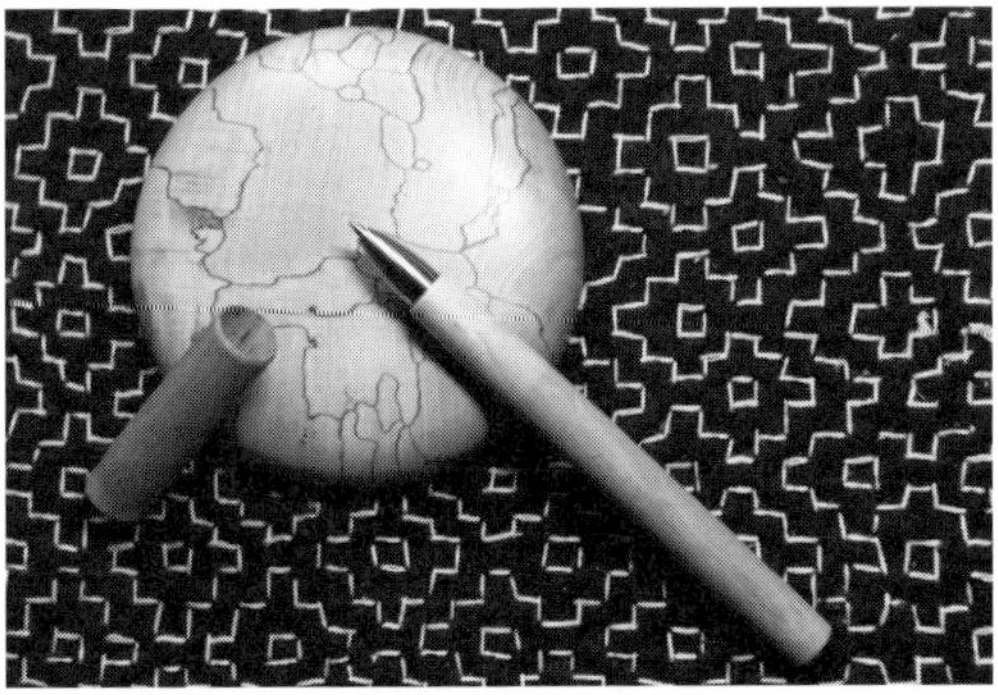

図コラム10-2　君ケ畑の菓子入れと湯沢のボールペン

使っている。どれもこれも非の打ち所がない。使うほどに手に馴染み手放せなくなった。このイタヤカエデはどのくらいの年齢で伐られたのだろう。字を書いているとまだ樹の命が続いているような気がしてくる。腕の立つ轆轤職人だった祖父に教わったのだという。伝統に裏打ちされた繊細な技を内外のいろいろな賞は見逃さなかったようだ。日本各地で伝統的な木工の技が蘇り、そして進化している。二人の作った作品は、高度な技と新しい意匠で、手に馴染むモノを作り広葉樹の用途を広げていくことの大事さを教えている（図コラム10−2）。

❖群状伐採で更新を図る——自然攪乱に倣う

通直な大径材を目指して全層間伐を続ければ、立木密度はそこそこ高いままで推移するだろう。大きな枯死木も発生しないと思われるので、あまり明るい裸地はできにくい。自ずと陽樹（遷移初期種）が減り、陰樹（遷移後期種）が多い森林になっていくだろう。いつの日か巨木の森が姿を現し、そこでは老木が立ち枯れているだろう。そんな日が来たら、万歳である。巨木はたくさんの果実を生産し、様々な哺乳動物や鳥類を養う。またウロのある木はクマやヤマネなどに寝ぐらを、立ち枯れした木はキツツキ類に採餌場を提供する。森の木々は野生の生物のためにも存在しているのだ。何世代もの努力が報われ、人と木々がともに喜べる時が来たことを全ての生き物が、地球が祝福してくれるだろう。

長い間、全層間伐を続け、巨木林が目の前に現出したら、その後はどうしたらよいのだろう。せっかくできた巨木林を維持していくということには異論がないだろう。それには、やはり全層間伐を続けることがたぶん間違いのない施業方法だろう。全層〝択伐〟(主伐の時期に達したので択伐という用語を用いる)によって定期的に大径材を生産し続けることができ、老熟林の構造も維持されると思われる。しかし、遷移が進み陰樹の占める割合が増えるので、もし、陽樹も混ぜたいというのであれば中程度の面積の群状択伐もよいだろう。全層間伐では1回の伐採量が少なく伐採も搬出も大変だったが、今度は一ヵ所での伐採量も増え、伐採も搬出も容易になるだろう。中程度の面積といってもどれくらいが最適なのだろう。自生山のスギ天然林を歩いても明るい孔状の裸地(ギャップ)は少ない。大きな木が立ち枯れしているのはたまに見かけるが、それも少ない。まして、樹木が集団で倒れたりしてできる大きなギャップはない。たぶん、通直な巨木はかなり抜き切りされて若返っているからだろう。それに、大台風や地滑りなど大きな自然撹乱による広いギャップ形成はきわめて稀にしか起きない。いつ起きるか予測不能だが、起きる時には起きるので、あえて人為的に大ギャップを模して大面積皆伐をする必要はないだろう。半径15〜20mぐらいの円形の伐採地であれば、光要求性の高い遷移初期種・中期種が発芽し更新することが期待できるだろう(7章　中規模撹乱仮説を参照)。種多様性を維持する上でもまとまった面積での伐採と更新は必要だろう。

伐採箇所を選定するにはスギや広葉樹の稚幼樹が林床に待機しているところを選べばよい。自生山ではスギも広葉樹も、更新はうまくいっていて、林床に待機する稚幼樹は多い。中層、亜高木層にも多く見られ、逆J字型分布をしている。樹種ごとにこのような分布型が維持されているかを時々チェックする必要があるだろう。幼稚樹の更新がうまくいかないのであれば、特に林床がササに覆われているところでは、ササを刈り払ったりして除去してから苗木を植栽する必要があるだろう。択伐する際にはもちろん林床の幼稚樹を傷つけないように留意すべきだ。それらの幼稚樹とのサイズの差や距離を考慮しながらスギが林冠に到達できるような植え方をする必要がある。このような段階に至れば、次世代の更新を促す作業は楽しいことの連続だろう。植栽場所の土壌・水分・光環境や他の樹種との成長速度や耐陰性などの違い、菌根菌や隣接個体との関係などの森林動態に関する知識を総動員してデザインするのである。これからの林業は、多様な樹木の無機環境に対する応答に加え、生物間の相互作用の知識も必要となるだろう。多方面の知識を総動員して、きわめて精密なシステムを滞りなく稼働させる高度な産業として発展していくだろう。それも最新の知識を取り入れた技術開発が進むほど地域や地球環境を改善することにつながる。きわめて科学的で公共性の高い仕事なのだ。まだ、自然のシステムに倣った林業は端緒についたばかりだが、こんな楽しい仕事はないだろう。

すぐには想定通りにはいかないだろう。思い通りにならなくとも、それはわれわれの現在の科学水準が招いたことで落胆することはない。水準を上げる努力をすればよいだけだ。現状のわれわれの知識や経験が乏しいことを自覚することが大事だ。そうすれば、自然界に存在しない森の形を作ろうとはしないだろう。例えば、希少で高く売れるからといってシウリザクラだけを大面積に密植し、短期間に通直な木を大量に生産しようと試みるようなことは森をよく知る人は決してしない。日本中のどの自然林にもそんな林分はないからである。自然のメカニズムに逆らって作った森は長続きしない。人間の欲を森に押し付けないことだ。無理強いしないで、自然が作り上げた仕組みを最大限真似て利用してこそ道は開けるだろう。次章では森が与えてくれる多様な恵みを確実に享受できる〝科学的な〟制度設計について考えてみたい。

11章

制度を練り直す——進歩する科学に依拠して

❖科学的な森林認証制度が必要だ

日本中の人工林では今日も、多くの人たちが下刈りや間伐に汗を流している。しかし、将来を楽観視している人は少ない。たとえ、太くて通直な木々を作っても高く売れるという確証がないからだ。どんな木材が高く売れるかは、それぞれの時代の需要や海外からの供給量などに左右される。林業者が決めるわけではない。いわば、買い手側の都合次第だ。植えてから50年以上もかけて生産される木材の価格が予測不能なのである。長い間、手間暇かけて保育する方はたまったものではない。これが林業なのだからしかたがないのだろうか。

そこで、救世主のように登場したのが森林認証制度だ。買い手側も巻き込んで木材を売ろうとする制度だ。自然環境に配慮した山林から生産された木材を供給することで、消費者側も地球環境の保全に参加しているという満足感が得られるという設計になっている。気候変動も地球規模でかなり危険なステージになってきている。森林の機能の低下は、地球上どこに住んでいても自分の身にふりかかってくる。ならば、自分が建てる家の木材は〝地球環境に配慮して管理された森林〟から生産されたものにしたい。そのような健全な思考を持つ人を相手にした合理的でそしてよく考えられたシステムである。

しかし、大きな問題がある。それは、今、認証されている人工林の管理が地球に負担をかけないものなのか、ということである。この30年、生物多様性と生態系サービスとの関係の研究は飛躍的に進んでいる。遅ればせながら森林でも、多様な樹種から構成される森林ほど水源涵養機能が増し、病虫害への抵抗性が増し、栄養塩の循環が改善され生産力が増強されることが報告され始めている。本書でも、これまで見てきたようにスギ人工林でも広葉樹を混交させると森林本来の力が蘇ってくることを示した。それもスギ林の下層植生の多様性ではなく、林冠近くに多様な広葉樹が達することで初めて様々な生態系サービスが回復するのである。今の認証制度では、弱度の間伐を繰り返し下層植生が回復することによって森林が健全になるとされている。これでは、認証制度は看板倒れである。看板に内実が伴っていない。尚武沢の弱度間伐区では、林床に灌木や草本が見られ高木性の樹木も下層に留まっていた。現行の認証制度では推奨される森林の形だが、洪水や渇水を防ぐ力は弱く、水質浄化機能も低い。窒素循環に無駄が多く生産力の持続性も危ぶまれる。それだけでなく、地球温暖化の危険因子も内在する。これでよいはずがない。早急に認証制度の水準を科学的な実証結果に依拠して上げるべきだろう。さもなければ、現在、認証されている森林の機能はここまでであるとその限界をキッチリと記載する必要があるだろう。

それに比べ、スギ人工林を強度間伐して広葉樹を林冠レベルで混交させると、弱度間伐では得られない生態系サービスがたくさん、それも強く発揮されることが尚武沢試験地の20年近い研究から明らかになった。スギ林を広葉樹との混交林にして初めて十分な生態系サービスが得られるとしたら、認証すべきは広葉樹が林冠で混交するスギ人工林ということになるだろう。無駄のない窒素循環によって水質が浄化されると同時に生産力が飛躍的に増加しつつある。それだけでなく土壌への水浸透を促し洪水や渇水を防ぐ能力も増加させる。さらに、広葉樹が成熟すれば野生動物との共存も図られるかもしれない。さらに、検証例を増やす必要はあるだろうが、科学的事実は曲げられないのである。認証された林から木材を買って家を立てている人たちを、知らずに欺いてはならない。科学は日々進歩し、新しい事実が明らかになる。たえず、森林認証の科学的水準を更新し、制度を改定し続ける必要があるということは言うまでもない。

❖森林環境税の使い道――誰もが納得できる〝科学的な〟説明を

２０１９年「森林環境税及び森林環境譲与税に関する法律」が成立した。これにより、〝国民一人当たり毎年１０００円〟の森林環境税が２０２４年度から課税される。額が少ないのでほとんどの国民は無頓着だ。創設の趣旨を見ても誰も疑問を抱かないように書かれている。少し長いが、林野庁のホームページに載っている趣旨を見ると「森林の有する公益的機能は、地球温暖化防止のみならず、国土の保全や水源の涵養等、国民に広く恩恵を与えるものであり、適切な森林の整備等を進めていくことは、我が国の国土や国民の生命を守ることにつながる。（中略）我が国の温室効果ガス排出削減目標の達成や災害防止等を図るための森林整備等に必要な地方財源を安定的に確保する観点から、森林環境税が創設されました」。とても重要なことなので誰も異論は挟まないだろう。しかし、森林環境譲与税の使途とその公表という項目を見ると、「森林環境譲与税は、市町村においては、間伐や人材育成・担い手の確保、木材利用の促進や普及啓発等の

『森林整備及びその促進に関する費用』に充てることとされています。また、都道府県においては『森林整備を実施する市町村の支援等に関する費用』に充てることとされています。本税により、山村地域のこれまで手入れが十分に行われてこなかった森林の整備が進展するとともに、都市部の市区等が山村地域で生産された木材を利用することや、山村地域との交流を通じた森林整備に取り組むことで、都市住民の森林・林業に対する理解の醸成や、山村の振興等につながることが期待されます。」とある（傍線、著者）。これは、とりもなおさず、手入れ不足で混み合って共倒れ寸前のスギなどの針葉樹人工林の間伐の促進である。さらに間伐材をはじめとする人工林材の利用促進である。環境税の目的が、「地球温暖化防止や国土の保全や水源の涵養等」で、それを実現する方法が「間伐」だと読むことができる。

そうであれば、どんな間伐をして、どんな森林の形を目標としているのだろう。そこまでは、書かれていない。果たして、慣例的に弱度の間伐を繰り返すというのであれば、地球温暖化防止や水源涵養機能の向上がどこまで期待されるというのであろうか。これは、大事な問題である。納税義務者６２００万人から集めた年６００億もの血税である。膨大な税金である。その使い方はもっと厳密であるべきだ。針葉樹人工林に林冠レベルで広葉樹を混交させるのか林床レベルですますのかで生態系サービスがどのように、そしてどれくらい変わるのかを、国民は、しっかりと知るべきである。目標林型と生態系サービス（公益的機能）の関係を曖昧にしたまま使う額ではない。むやみに税金を使う前に生態系サービスを十分発揮しうる森林の形を解明すべきであり、その解明には単年度で10億ほどは使うべきだろう。科学的知見に裏打ちされた政策でなければならない。水源涵養機能の向上に税金を使うことに異は唱えないが、そのための方法論が実効あるものなのかは皆知りたいと思う。したがって税を徴収し使う側は科学的な論拠をキチンと示すべきである。納税者が納得できる税金の使い方ができるように、しっかりと研究し、データを国民にすべて提示すべきだろう。少なくとも尚武沢試験地の20年間の調査は弱度間伐で管理される針葉樹人工林ではなく、林冠レベルでの混交林が森林環境税にふさわしい森林の形であることを明確に示しているのである。混交林という究極の天然林に倣うことが環境税の納税者に答えることになることを知ってもらいたい。多くの追試によって確認され常識となる日が近い将来くることは間違いないだろう。

❖機能別に森林を類型化することはできない

森林を機能で類型化することは森林の性質上、本来無理である。森林は遷移し成熟する過程で生物間の相互作用を発達させ、自律的に生態系サービスを高度化する生き物の集団である。地域ごとの自然環境によって異なる外見（構造）を示すが、それぞれの地域で最大限に生態系サービスを提供しようとしているとても親切な生き物の集まりなのである。

林野庁は近年まで、木材を生産する人工林を〝資源の循環利用林〟、土砂災害を防ぎ水源を涵養する林を〝水土保全林〟、それに生物多様性を保全する林を〝森林と人との共生林〟、というように土地利用タイプで区分していた。ただ、最近、資源の循環利用林という独自の類型化をやめて水源涵養タイプに組み込んだ。というのは、〝良質な水の安定供給を確保することが全ての国有林で期待される基礎的な機能だ〟と位置づけたからだ。これ自体は合理的な考え方だ。だが、どのような木材生産林が高い水源涵養機能を持つのかということには、正確には答えられていない。繰り返しになるが本書は、多くの生態系サービスは、広葉樹混交（種多様性の復元）による多様な生物種の相互作用が活発化することで維持されることを示した。つまり、針葉樹人工林を弱度の間伐で針葉樹の単純林として維持し続けるならば、たとえ、それを水源涵養タイプと看板を付け替えたとしても、生物間のネットワークが回復しないかぎり水源涵養機能は十分に発揮されないのである。混交林化し、本来のスギ天然林に近い構造を実現しない限り、この矛盾は解消されない。針葉樹人工林は人家の近くに多い。洪水や渇水を防ぎ、きれいな安全な水を地域の人々に供給するといった森本来の機能が十二分に発揮できるような針葉樹人工林施業をすべきである。つまり混交林化をしていくべきである。実質をともなわない類型化をやめて地域社会の豊かさを求めていくべきだろう。

そもそも、土地利用区分や類型化は森林管理を簡便化するための机上の論理である。森の中の微生物やミミズにとったら自分で棲みやすい環境を作っていくので、放っておいてくれ。種子を遠くに飛ばして子孫を増やしたい広葉樹たちも、せっかく子供を飛ばしてやったのにそこが人工林では余計なものとして除伐されてしまう。理不尽だ、と言っている声が聞こえる。その場所の気象条件、地形、土性、そしてその環境を好む生物たちが寄り集まって創られるのが森なのである。人間が指図してタイプ分けして線引きして森ができあがるのではない。多くの生物が寄り集まって創り上げた森はその土地条件で最大限の機能を発揮するのである。

❖ふるさとに会える――毎日見る風景

家の周りを見回すとスギ、スギ、スギに覆われていた。薄暗い風景はもう目に馴染んでいた。しかし、雪が解けて春になって山を見上げると、そこには、スギに混じってコブシの白、イタヤカエデの黄、ヤマザクラの薄桃色。花々が混じりあっていた。ああ…、いい景色だ。」

「起きてください」昼休みの短い夢から覚めた。調査を早く切り上げ、学生たちと春の自生山に寄った。遠目にはブナの黄緑が、スギの暗緑に浮き立っている。中に入るとトチの木の巨大な樹冠に大きな花序が空に向かって甘い香りを放っていた。たくさんのミツバチが群れている。谷底ではカツラが小さな濃紅の花を咲かせていた。巨木が一瞬だけ燃えているようだ。老熟した本物の混交林は、当たり前だがやはり夢よりリアルで五感に迫ってくる。隅々までよくできていて圧倒的だ。スギ人工林を、天然林型にするのは景色を楽しむためでもある。毎日、何気なく見上げる風景が美しいことはとても豊かなことだと思う。

川沿いに多いスギ人工林を混交林化するとどうなるだろう。ハンノキやヤナギが窒素濃度の高い葉を落とすようになる。落ち葉を待っている水生昆虫が増え始める。ハンノキの葉にはハムシが群がり、それを捕まえ損ねた蜘蛛たちも川面に滑り落ちる。すると餌の乏しかった川には、ヤマメもイワナも戻ってくるだろう。子供の頃遊んだ川が戻ってくる。広葉樹が混交し、少し明るくなったスギ林にはフキもウドもミズ（ウワバミソウ）も生えてくる。キイチゴも。キノコは間違いなく増える。栗ご飯も栃餅ももっと食卓に並ぶだろう。懐かしい木の実も山菜も身近で採れる。昔、遊んだ友だちや遠くで見ていた祖父母もそこに居るかのように浮かんでくる。

懐かしい風景を目の前から急に消し去って、日本人は何を得たのだろう。われわれ、高度経済成長以前を知る者はきれいな風景を真近に見た最後の世代である。われわれは、子供たちに、その次の世代に、自分たちの楽しかった思い出を話すだけでなく、彼らの目の前に、生き生きと遊べる場所を作ってやる義務がある。それも歩いていける身近なところにである。そうしたら、誰もが懐かしく思い出せる故郷の風景を持てるようになるだろう。

コラム11-1　羽黒山の五重塔——宮大工と混交林

羽黒山の石畳の参道は子供の頃からよく登った。両側にスギの巨木が立ち並び厳かな立体空間を作っている。参道を少し逸れると周囲長10mと言われる〝爺杉〟がある（図コラム11-1）。樹齢1000年と言われているが、そうかもしれないと思われるほどの立派さである。その奥に930年頃に平将門が創建し1370年頃に再建されたといわれる五重塔がある。柿（こけら）葺きの五層の塔だ。高さは29mもあるが、スギでできており質朴な感じがする。カナダの教授を連れて行ったら、〝600年以上もここに立っているのか！　本当か!?〟と心底驚いていた。

日本には宮大工がいる。中国大陸や朝鮮半島から渡来した建築技術者の高度な技術を受け継いだ人たちである。宮大工の会社組織が仙台にある。個人の住宅も造っている。庇を長くしたりすると、建てた家は少なくとも200～300年は保つという。数百年続く建築物を造る伝統技術は世界に誇れる文化である。

古来、宮大工は手付かずの原生林から切り出された巨木を使って神社仏閣の大伽藍を造ってきた。しかし、今では巨木はどこにもない。それだけではなく、良質大径材の持続的供給体制も足りてはいない。それならすでにある、と言う人もいるかもしれないが、そうではない。単なる長伐期ではない。地球環境に優しい環境負荷のない持続的な森から生産される大径木なのである。スギ林を混交林化し、まっすぐで天を衝くような巨木を生産し続けることが必要だ。そうして初めて、羽黒山の五重塔を建てた建築技術は真に持続的な林業と相まって、高い文化となって昇華するのである。林業のあり方は木材の使い方とともにその国の文化の程度を写す鏡なのである。

図コラム11-1　羽黒山参道沿いに立つ爺杉と五重塔

あとがき

月山から流れてくる小さな川で子供の頃よく遊んだ。水量の少なくなる夏には堰き止めてナマズやヤマメを手づかみした。アブラハヤなどはいくらでも釣れた。河畔沿いのヤナギで刀を作りチャンバラをした。しかし、中学に入る頃、農業基盤の整備という大事業が始まり河畔林は伐られ、河川は床も側面もコンクリートで固められた。ただの水路になり、魚はいなくなった。農薬散布が拡大し、ドジョウも蛍もいなくなった。栗拾いに行った近くの低い丘のような薪炭林は切り開かれ、ならされ平たい田んぼになり、その周囲にはスギが植えられた。たった数年で、あまりにもそっけない風景に変わってしまった。拠り所のない、疎外されたような気がした。

北海道の原生的な森を見たいと思ったのは高校生の頃だった。なんだか、無性に憧れたのを覚えている。しかし、大学の講義は針葉樹、それも人工林に関することばかりであった。森の中の昆虫も菌類も人工林育成における害敵であった。森林とは針葉樹人工林のことで、林学とは人工林の育成・保護・経営のことだったのである。広葉樹については分類の初歩だけで、生態はもとより生理、遺伝といった基本的な講義はほとんどなかった。その代わり伐木運材論という講義があった。その中でなぜか耳に残っているのが〝バチバチ橇《ぞり》〟である。バチ橇を2台繋いだもので、巨木を山から搬出するための道具である。そんな略奪林業の何を教えようとしていたのか、今でも不可解である。もっと腑に落ちないのは、森林不況を招いた巨木林の喪失の記録が少なく、根本的な反省ができていないことだ。歴史をふまえてこそ未来の森づくりがあるのではないだろうか。若い学生時代からの疑問はいまだに解けていない。

その後、研究機関に勤めたが配属された研究室も同じで針葉樹人工林の効率的な管理に関することばかりであった。違和感は募るばかりであった。学会もほとんどの会場が針葉樹人工林の研究であふれていた。しかし、ある日、日本の広葉樹研究の先駆けとなる研究室に移ることになり、研究に熱中した。さらに大学に移り、樹々の生態を知り、原生林ができあがる仕組みを垣間見るようになると、違和感の原因がおぼろげながらわかってきた。それは、自然の森ができあがるメカニズムと違う方法で近年の林業が営まれている、ということだった。単純な生態系を作り、効率的に木材を生産する人工林のシステムは、本来、自然林が持つメカニズムとはかけ離れたものだということに気が付いたのである。それは、当たり前のことかもしれないが、あまりにも個々の樹木の本来の生き方が軽んじられていた。密に植えられ、混み合い、放っておくと共倒れする。木々が押し込められて生きる息苦しさが感じられたのである。樹木は本来、自然児なのだから大自然で伸び伸びと生きていってほしい。

東北の老熟林に足繁く通った。試験地では毎日昼寝した。苛まれてきた疎外感は消え、子供の頃の気分が蘇ってくるようだった。やっと長い間、心の底に鬱積してきたものを解き放つ術がおぼろげながらに見えてきた。それは、樹々の声に耳を傾けることだということがわかってきた。奥地の巨木たちは、自然の中の人間の立ち処を教えてくれた。樹々と人間の倫理的な関係が再び必要なことを諭してくれたのである。自然への崇敬の念のない林業は、真の林業とは言えないだろう。奥深い森の中で教わることはことのほか多いような気がする。

本書が目指す森の姿は木材生産林としては極端に思えるだろう。しかし、科学的合理性に基づいたものであり、経済的にも利益が続く事がいずれ理解される日がくるだろう。短期的な効率化を極端にまで突き詰めていく現代の林業は、自然のメカニズムからどんどん遠くなり、知らず知らずに環境に負荷をかけてしまっていることを明らかにしたものである。われわれも、もう、そろそろ気づいてもよいだろう。大量生産・大量消費の時代とは、〝おさらば〟する時期が来ているのである。

自然の摂理に従うということは長期的には効率的であり経済性も伴うだろう。何よりも森林の持つ環境を保全する機能を十分に発揮させ災害を未然に防いでくれる。防災のための人工工作物の建設費も削減できるだろう。より健康的で安全で経済的なのが混交林である。すべて、天然自然に戻せと言っているわけではない。あまりにも人工的に走り過ぎた分を自然の摂理に沿った形に戻した方がよいだろうと言っているのである。われわれは、本来の自然を知らないまま目先の都合で自然を大きく改変してきた。科学的合理性に基づいた自然の利用がより経済的だと言っているに過ぎないのである。

家を建て、床を張り家具を揃えるときも森の様子を想像し、どんな森から生産されたものかを想像しながら生活する時代が来るだろう。この柱や床は地球を壊していないのか、と。地球に長く住み続けようと思うならば林産物の背景を知ることから始めなければならない。もうすでにそう言った認証制度のようなものはある。しかし、科学の進歩に伴いもっと認証制度も質を上げていくべきだろう。

近代の無機化した景観は都会だけでなく地方の町、それに山里まで及んできている。われわれが日常見る風景が人生の一部だとしたら、やはり、自然の摂理が創り上げた風景を見て暮らした方が心地よく感じられるだろう。疎外感の強くなってきた現代人に潤いのある風景を取り戻すこともと森林や林業・林産業に関わる人たちの大きな責任でもある。森林が本来の姿を取り戻すことの恩恵は計り知れないのである。

本書は多くの学生たちや様々な分野の専門家との共同研究の成果である。長年にわたる膨大な調査や討論の賜物である。特に国立環境研究所の林誠二さんには水質の問題に目を開かせてくれただけでなく、水質の調査方法から解析まで手取り足取り教えていただき、また実際に解析をしていただいた。さらに、多くの論文作成時にも議論を重ねた。同じく環境研究所の渡邊未来さん、渡邊圭司さんにも水質解析ではお世話になった。東北大学大学院農学研究科生物共生科学分野（農学部生物共生科学研究室）の学生、宇津木栄津子さん、江藤幸乃さん、日下雅広くん、根岸沙知さん、鈴木愛奈さん、安藤真理子さん、九石太樹くん、根岸有紀さん、森川夢奈さん、増田千恵さんには卒論、修論で尚武沢試験地や自生山の調査、野外や室内での実験、そして膨大なデータ解析に直接関わっていただいた。土壌立地学の学生榎並麻衣さんには試験地の土壌特性を詳しく調べていただいた。土壌学分野の菅野均さん、栽培植物環境科学分野の田島亮介さん、宇野亨さんには根系解析や土壌分析などについて指導いただいた。ポスドクの國井大輔くんには水浸透能の調査・解析をしていただいた。同じ研究室の深澤遊さん、松尾あゆむさん、松倉君予さん、秋田県立大学の岡野邦宏さんには菌類の解析、遺伝子解析等で多大な支援を受けた。技術職員の佐々木友則さん、鈴木政紀さんにも調査や実験の際には大いにお世話になった。岩手大学の真坂一彦さんには統計解析をお願いするとともに学生も指導していただいた。東北大学の多田千佳さんには水質浄化機能について指導をいただいた。山形大学の小山浩正さん（故人）とは混交林化について多くの議論をし、また、多くの学生を引き連れて調査を手伝ってくれた。森林総合研究所の八木貴信さんとは一緒に調査し多くの議論をした。秋田県林業センターの和田覚さんには混植試験地を案内していただき資料を見せていただいた。広葉樹を暮らしに生かす山形の会（佐藤恒治共同代表）の皆様には混交林の調査をしていただいた。ここには名前は記さないが、他にも多くの学生さんや研究者、そして事務・技術職員の協力によって膨大な調査・実験が遂行できたことを、ここで感謝したい。

最後に、高度経済成長の時代、忙しい田畑仕事の合間にバイクで山道を登りスギを植えては下刈りし、働きづくめで育ててくれた父、庄右衛門、母、晶子に感謝したい。そして、数十年にわたる森林調査の楽しみであった弁当を作り続けてくれた妻、公子に感謝する。

二〇二二年七月

著者

【文献】

Alder PB *et al.* 2018. Competition and coexistence in plant communities: intraspecific competition is stronger than interspecific competition. Ecology Letters 21, https://doi.org/10.1111/ele.13098

Ammer C. 2019. Diversity and forest productivity in a changing climate. New Phytologist 221, 50-66

Angers DA, Caron J. 1998. Plant-induced changes in soil structure: Processes and feedbacks. Biogeochemistry 42, 55-72

Attiwil PM, Adams MA. 1993. Nutrient cycling in forests. New Phytologist 124, 561-582

Bardgett RD, Wardle DA. 2010. Aboveground-belowground linkages. Biotic interactions, ecosystem processes, and global change. Oxford University Press

Barnett JR, Jeronimidis G. 2003. Wood quality and its biological basis. Blackwell Publishing, Oxford, UK

Barry KE *et al.* 2020. Limited evidence for spatial resource partitioning across temperate grassland biodiversity experiments. Ecology 101, e02905

Baskin CC, Baskin JM. 1998. Seeds. Ecology. Academic Press, London

Bayandala, Fukasawa Y, Seiwa K. 2016. Roles of pathogens on replacement of tree seedlings in heterogeneous light environments in a temperate forest: a reciprocal seed sowing experiment. Journal of Ecology 104, 765-772

Benjamin JG, Kershaw Jr JA, Weiskittel AR, Chui YH, Zhang SY. 2009. External knot size and frequency in black spruce trees from an initial spacing trial in Thunder Bay, Ontario. Forestry Chronicle 85, 618-624

Bennett JA, Maherali H, Reinhart, KO, Lekberg Y, Hart MM, Klironomos J. 2017. Plant-soil feedbacks and mycorrhizal type influence temperate forest population dynamics. Science 355, 181-184

BenneterA, *et al.* 2018. Tree species diversity does not compromise stem quality in major European forest types. Forest Ecology and Management 422, 323-337

Beven K, Germann P. 2013. Macropores and water flow in soils revisited. Water Resources Research 49, 3071-3092

Bever JD, Mangan SA, Alexander HM 2015. Maintenance of Plant Species Diversity by Pathogens. Annual

Review of Ecology, Evolution & Systematics 46, 305-325
Bliss D, Smith H. 1985. Penetration of light into soil and its role in the control of seed germination. Plant Cell & Environments 8, 475-483
Bloom AJ, Chapin FSIII, Mooney HA. 1985. Resource limitation in plants - an economic analogy. Annual Review Ecology, Evolution & Systematics 16, 363-392
Brassard BW *et al.* 2012. Tree species diversity increases fine root productivity through increased soil volume filling. Journal of Ecology 101, 210-219
Bravo-Oviedo A *et al.* 2014. European Mixed Forests: definition and research perspectives. Forest Systems 23, 518-533
Connell JH. 1978. Diversity in tropical rain forests and coral reefs. Science 199, 1302-1310
Daws MI, Burslem DFRP, Crabtree LM, Kirkman P, Mullins CE, Dalling JW. 2002. Differences in seed germination responses may promote coexistence of four sympatric Piper species. Functional Ecology 16, 258-267
de Kroon H, Visser EJW. 2003. Root ecology, Springer, Berlin.
de Kroon H, Hendriks M, van Ruijven J, Ravenek J, Padilla FM, Jongejans E, Visser E JW, Mommer L. 2012. Root responses to nutrients and soil biota: drivers of species coexistence and ecosystem productivity. Journal of Ecology 100, 6-15
榎並麻衣　２０１４．広葉樹の導入を目的とした間伐がスギ人工林の土壌特性に及ぼす影響．東北大農学研究科修士論文
Felton, A *et al.* 2016. Replacing monocultures with mixed-species stands: ecosystem service implications of two production forest alternatives in Sweden. Ambio 45, 124-139
Fenner M, Thompson K. 2005. The Ecology of Seeds. Cambridge University Press, Cambridge, UK.
Fischer C *et al.* 2015. Plant species diversity affects infiltration capacity in an experimental grassland through changes in soil properties. Plant and Soil 397, 1-16
Fischer C *et al.* 2017. Plant species richness and functional groups have different effects on soil water content

in a decade-long grassland experiment. Journal of Ecology 107, 127-141

Forrester DI, Bauhus J. 2016. A Review of processes behind diversity-productivity relationships in forests. Current Forestry Report 2, 45-61

深澤遊・九石太樹・清和研二 ２０１３．境界の地下はどうなっているのか―菌根菌群集と実生更新との関係―．日本生態学会誌63、２３９―２４９

Gamfeldt L *et al.* 2013. Higher levels of multiple ecosystem services are found in forests with more tree species. Nature Communications 4, 1340

Genet A, Auty D, Achim A, Bernier M, Pothier D, Cogliastro A. 2012. Consequences of faster growth for wood density in northern red oak (*Quercus rubra Liebl.*). Forestry 86, 99-110

Gotmark F, Fridman J, Kenpe G, Norden B. 2005. Broad-leaved tree species in conifer-dominated forestry: regeneration and limitation of saplings in southern Sweden. Forest Ecology and Management 214, 142-157

後藤崇志・中山茂生・古野毅 ２０１０．島根県産スギ造林木の材質及び強度特性に及ぼす枝打ち・間伐の影響（第３報）木材学会誌56、２１９―２２６

Greenberg CH. 2000. Individual variation in acorn production by five species of southern Appalachian oaks. Forest Ecology and Management 132, 199-210

Halpern CB, Spies TA. 1995. Plant species diversity in natural and managed forests of the Pacific Northwest. Ecological Applications 5, 913-934

Handa IT *et al.* 2014. Consequences of biodiversity loss for litter decomposition across biomes. Nature 509, 218-221

Hansen AJ, Spies TA, Swanson FJ, Ohmann JL. 1991. Conserving biodiversity in managed forests. Lessons from natural forests. BioScience 41, 382-392

長谷川元洋・藤井佐織・金田哲・池田紘士・菱拓雄・兵藤不二夫・小林真 ２０１７．土壌動物をめぐる生態学的研究の最近の進歩．日本生態学会誌67、95―１１８

速水亨 ２０１２．日本林業を立て直す―速水林業の挑戦．日本経済新聞出版

Hector A *et al.* 2011. The Sabah Biodiversity Experiment: a long-term test of the role of tree diversity in restoring tropical forest structure and functioning. Philosophical Transaction of Royal Society B 366, 3303-3315

Hertel, D., Harteveld, M. A. Leuschner, C. 2009. Conversion of a tropical forest into agroforest alters the fine root-related carbon flux to the soil. Soil Biology & Biochemistry 41, 481-490

ヨースト・ヘルマント１９９９．森なしには生きられない．築地書館

平野虎丸２００８．日本政府の森林偽装．中央公論事業出版

Hikosaka K, Hirose T. 2000. Photosynthetic nitrogen-use efficiency in evergreen broad-leaved woody species coexisting in a warm-temperate forest. Tree Physiology 20, 1249-1254

Hirata A, Sakai T, Takahashi K, Sato T, Tanouchi H, Sugit H, Tanaka H. 2011. Effects of management, environment and landscape conditions on establishment of hardwood seedlings and saplings in central Japanese coniferous plantations. Forest Ecology and Management 262, 1280-1288

Hirayama K, Sakimoto M. 2003. Spatial distribution of canopy and subcanopy species along a sloping topography in a cool-temperate conifer-hardwood forest in the snowy region of Japan. Ecological Research 18, 443-454

Hirose T, Werger MJA, van Rheenen JWA. 1989. Canopy development and leaf nitrogen distribution in a stand of *Carex acutiformis*. Ecology 70, 1610-1618

Hobbie, S.E. 2015. Plant species effects on nutrient cycling: revisiting litter feedbacks. Trends in Ecology & Evolution 30, 357-363

Hooper DU *et al*. 2005. Effects of biodiversity on ecosystem functioning: a consensus of current knowledge. Ecological Monograph 75, 3-35

Igarashi T, Kiyono Y. 2008. The potential of hinoki (*Chamaecyparis obtusa*) plantation forests for the restoration of the original plant community in Japan. Forest Ecology and Management 255, 183-192

Igarashi T, Masaki T. 2018. Species diversity of woody recruits within Japanese cedar (*Cryptomeria japonica*) plantations established on grasslands: The effects of site conditions and landscape. Journal of Forest Research 23: 156-165

Ishii H, Azuma W, Nabeshima, E. 2013. The need for a canopy perspective to understand the importance of phenotypic plasticity for promoting species coexistence and light-use complementarity in forest ecosystems. Ecological Research 28, 191-198

石井弘明・徳地直子・榎木勉・名波哲・廣部宗（編）２０１９．森林生態学．朝倉書店

Ishii HT, Maleque MA, Taniguchi S. 2008. Line thinning promotes stand growth and understory diversity in Japanese cedar (*Cryptomeria japonica*) plantations. Journal of Forest Research 13, 73-78

石塚森吉・菅原セツ子・金沢洋一 １９８９．針広混交林におけるエゾマツ・シナノキ・イタヤカエデ樹冠下のトドマツの成長過程．日本林学会誌 71、２８１—２８７

Ito S, Nakagawa M, Buckley GP, Nogami K. 2003. Species richness in sugi (*Cryptomeria japonica* D. Don) plantations in southeastern Kyushu, Japan: the effects of stand type and age on understory trees and shrubs. J Journal of Forest Research 8, 49-57

Ito S, Nakayama R, Buckley GP. 2004. Effects of previous land-use on plant species diversity in semi-natural and plantation forests in a warm-temperate region in southeastern Kyushu, Japan. Forest Ecology and Management 196, 213-225

Jankowska-Blaszczuk M, Daws MI. 2007. Impact of red:far red ratios on germination of temperate forest herbs in relation to shade tolerance, seed mass and persistence in the soil. Functional Ecology 21, 1055-1062

Janzen DH 1970. Herbivores and the number of tree species in tropical forests. American Naturalist 104, 501-528

Jo I, Potter KM, Domke GM, Feil S. 2017. Dominant forest tree mycorrhizal type mediates understory plant invasions. Ecology Letters doi: 10.1111/ele.12884

Jobbágy EG, Jackson RB. 2001. The distribution of soil nutrients with depth: Global patterns and the imprint of plants. Biogeochemistry 53, 51- 77

Jobidon R, Guillaume C, Thiffault N. 2004. Plant species diversity and composition along an experimental gradient of northern hardwood abundance in *Picea mariana* plantations. Forest Ecology and Management 198, 209-221

梶光一・宮木雅美・宇野裕之 ２００６．エゾジカの保全と管理．北海道大学出版会
柿沢宏昭・山浦悠一・栗山浩一（編）２０１９．保持林業．築地書館
川那部浩哉・水野信彦（監修）・中村太士（編集）２０１３．河川生態学．講談社
Kijidani Y, Hamazuna T, Ito S, Kitahara R. Fukuchi S, Mizoue N, Yoshida S. 2010. Effect of height-to-diameter ratio on stem stiffness of sugi (*Cryptomeria japonica*) cultivars. Journal of Wood Science 56, 1-6
菊沢喜八郎 １９８３．北海道の広葉樹林．北海道造林振興協会
菊沢喜八郎 ２００５．葉の寿命の生態学 個葉から生態系へ．共立出版
Kikuzawa K. 1979. A method for yield prediction utilizing the yield-density diagram. Journal of Japanese Forest Society 61, 429-436
Kiyono Y, Akama A. 2016. Predicting annual trends in leaf replacement and ^{137}Cs concentrations in *Cryptomeria japonica* var. japonica plantations with radioactive contamination from the Fukushima Daiichi Nuclear Power Station accident. Bulletin of FFPRI 438, 1-15
Koga W, Suzuki A, Masaka K, Seiwa K. 2020. Conspecific distance-dependent seedling performance, and replacement of conspecific seedlings by heterospecifics in five hardwood, temperate forest species. Oecologia, 193, 937-47
小池孝良・北尾光俊・市栄智明・渡辺誠（編）２０２０．木本植物の生理生態．共立出版
小池孝良 ２０２１．森林美学への旅―ゲーテの求めた森―．海青社
Knoke T, Ammer C, Stimm B, Mosandl R. 2008. Admixing broadleaved to coniferous tree species: a review on yield, ecological stability and economics. European Journal of Forest Research 127, 89-101
Konno M, Iwamoto S, Seiwa K. 2011. Specialisation of a fungal pathogen on host tree species in a cross inoculation experiment. Journal of Ecology 99, 1394-1401
小山里奈 ２００４．植物の窒素吸収と同化．硝酸態窒素に対する種の依存性と反応性．環境科学会誌 17、２０５―２１０
Koyama LA, Terai M, Tokuchi N. 2020 Nitrate reductase activities in plants from different ecological and taxonomic groups grown in Japan. Ecological Research 35, 708-712

小山泰弘・山内仁人 ２０１１. 針広混交林造成に向けた更新技術の開発. 長野県林総セ研報第25、29—44
「広葉樹林化」研究プロジェクトチーム ２０１０. 広葉樹林化ハンドブック２０１０. 森林総合研究所四国支所
「広葉樹林化」研究プロジェクトチーム ２０１２. 広葉樹林化ハンドブック２０１２. 森林総合研究所四国支所
Kramer C, Trumbore S, Fröberg M, Dozal LM C, Zhang D, Xu X, Santos GM, Hanson PJ. 2010. Recent (<4 year old) leaf litter is not a major source of microbial carbon in a temperate forest mineral soil. Soil Biology & Biochemistry 42, 1028-1037
草刈万里子 ２０１７. 里山スプーン. 草刈万里子
久津輪雅 ２０１９. グリーンウッドワーク. 学研プラス
熊谷実・速水亨・石崎涼子（編）２０１９. 森林未来会議. 築地書館
Lang B, Russell D J. 2019. Effects of earthworms on bulk density: A meta-analysis. European Journal of Soil Science 71, 80-83
Lavelle P. 1997. Faunal activities and soil processes: adaptive strategies that determine ecosystem function. Advances in Ecological Research 27, 93-132
Lei P, Scherer-Lorenzen M, Bauhus J. 2012. The effect of tree species diversity on fine-root production in a young temperate forest. Oecologia 169, 1105-15
Leuchner M, Menzel A, Werner H. 2007. Quantifying the relationship between light quality and light availability at different phenological stages within a mature mixed forest. Agricultural and Forest Meteorology 142, 35-44
Liang J. *et al.* 2016. Positive biodiversity-productivity relationship predominant in global forests. Science 354, aaf8957
Lin G, McCormack ML, Ma C, Guo D. 2017. Similar below-ground carbon cycling dynamics but contrasting modes of nitrogen cycling between arbuscular mycorrhizal and ectomycorrhizal forests. New Phytologist 213, 1440-1451
Liu C, Xiang W, Xie B, Ouyang S, Zeng Y, Lei P, Peng C. 2021. Decoupling the complementarity effect and the selection effect on the overyielding of fine root production along a tree species richness gradient in

subtropical forests. Ecosystems 24: 613-627

Loreau M, Hector A. 2001. Partitioning selection and complementarity in biodiversity experiments. Nature 412, 72-76

Ma Z, Chen HYH. 2016. Effects of species diversity on fine root productivity in diverse ecosystems: A global meta-analysis. Global Ecology and Biogeography 25, 1387-1396

Masaki T, Ota T, Sugita H, Oohara H, Otani T, Nagaike T, Nakamura S. 2004. Structure and dynamics of tree populations within unsuccessful conifer plantations near the Shirakami Mountains, a snowy region of Japan. Forest Ecology and Management 194, 389-401

正木隆 ２０１８．森づくりの原理・原則．全国林業改良普及協会

Masuda C, Morikawa Y, Masaka K, Koga W, Suzuki M, Hayashi S, Tada C, Seiwa K. 2022a. Hardwood mixture increases stand productivity through increasing the amount of leaf nitrogen and modifying biomass allocation in a conifer plantation　Forest Ecology and Management 504, 119835

Masuda C, Kanno H, Masaka K, Morikawa Y, Suzuki M, Tada C, Hayashi S, Seiwa K. 2022b. Hardwood mixtures facilitate leaf litter decomposition and soil nitrogen mineralization in conifer plantations. Forest Ecology and Management 507, 120006

Medina-Sauza RM *et al.* 2019. Earthworms building up soil microbiota, a Review. Frontiers in Environmental Science 7, 1-20

水井憲雄 １９９０．落葉広葉樹の種子繁殖に関する生態学的研究．北海道林業試験場研究報告 30、１―61

Molino J, Sabatier D. 2001. Tree diversity in tropical rain forests: a validation of the intermediate distubance hypothesis. Science 294, 1702-1704

Möller CM. 1944. Untersuchungen über Laubmenge, Stoffverlust und Stoffproduction des Waldes. Det fostlige Forsogsvasen i Denmark 17, 1-287.

Morikawa Y, Hayashi S, Negishi Y, Masuda C, Watanabe M, Watanabe K, Masaka K, Matsuo A, Suzuki M, Tada C, Seiwa K. 2022. Relationship between the vertical distribution of fine roots and residual soil nitrogen along a gradient of hardwood mixture in a conifer plantation. New Phytologist ; 235 (3): 993-1004.

DOI:10.1111/nph.18263
村尾行一 ２０１７．森林業．築地書館
Naeem S, Bunker DE, Hector A, Loreau M, Perrings C, eds. 2009. Biodiversity, Ecosystem Functioning, and Human Wellbeing: An Ecological and Economic Perspective. Oxford: Oxford Univ. Press
Nagai M, Yoshida T. 2006. Variation in understory structure and plant species diversity influenced by silvicultural treatments among 21- to 26-year-old *Picea glehnii* plantations. Journal of Forest Research 11, 1-10.
Nagaike T. 2012. Review of plant species diversity in managed forests in Japan. ISRN Forestry 2012, Article ID 629523,
Nagamatsu D, Seiwa K, Sakai A. 2002. Seedling establishment of deciduous trees in various topographic positions. Journal of Vegetation Science 13, 35-44
中静透・菊沢喜八郎（編）２０１８．森林の変化と人類．共立出版
Nanko K, Onda Y, Ito A, Moriwaki A. 2008. Effect of canopy thickness and canopy saturation on the amount and kinetic energy of throughfall: An experimental approach. Geophysical Research Letters 35, L0540
Nanko K, Onda Y, Ito A, Moriwaki H. 2011. Spatial variability of throughfall under a single tree: Experimental study of rainfall amount, raindrops, and kinetic energy. Agricultural and Forest Meteorology 151, 1173-1182
Negishi Y, Eto Y, Hishita M, Negishi S, Suzuki M, Masaka K, Seiwa K. 2020. Role of thinning intensity in creating mixed hardwood and conifer forests within a *Cryptomeria japonica* conifer plantation: A 14-year study. Forest Ecology and Management 468,118184
Noguchi M, Miyamoto K, Okuda S, Itou T, Sakai A. 2016. Heavy thinning in hinoki plantations in Shikoku (southwestern Japan) has limited effects on recruitment of seedlings of other tree species. Journal of Forest Research 21, 131-142
太田猛彦 ２０１２．森林飽和 国土の変貌を考える．ＮＨＫ出版
恩田裕一編．２００８．人工林荒廃と水・土砂流出の実態．岩波書店

Onda Y, Yukawa N. 1995. The influences of understories on ifiltration rates in *Chmaecyparis obtsusa* plantations (II) Laboratory experiments. Journal of Japanese Forestry Society 77, 399–407

大園享司 ２０１８．菌類生態学．共立出版

Oyama H, Fuse O, Tomimatsu H, Seiwa K. 2018. Variable seed behavior increases recruitment success of a hardwood tree, Zelkova serrata, in spatially heterogeneous forest environments. Forest Ecology and Management 415-416, 1-9

Pacala SW, Canham CD, Saponara J, Silander JAJr, Kobe RK, Ribbens E. 1996. Forest models defined by field measurements: estimation, error analysis and dynamics. Ecological Monographs 66, 1-43

Pearson TRH, Burslem DFRP, Mullins CE, Dalling JW. 2002. Germination ecology of neotropical pioneers: interacting effects of environmental conditions and seed size. Ecology 83, 2798-2807

Peterjohn WT, McGervey RJ, Alan T, Sexstone J, Christ MJ, Foster CJ, Adams MB. 1998. Nitrous oxide production in two forested watersheds exhibiting symptoms of nitrogen saturation. Canadian Journal of Forest Research 28,1723-1732

Phillips RP, Brzostek E, Midgley MG. 2013. The mycorrhizal associated nutrient economy: a new framework for predicting carbonnutrient couplings in temperate forests. New Phytologist 199, 41-51

Poorter H, Niklas KJ, Reich PB, Oleksyn J, Poot P, Mommer L. 2011. Biomass allocation to leaves, stems and roots: meta-analyses of interspecific variation and environmental control. New Phytologist 193, 30-50

Prescott CE, Sue J, Grayston SJ. 2013. Tree species influence on microbial communities in litter and soil: Current knowledge and research needs. Forest Ecology and Management 309, 19-27

Pretzsch H. 2005. Stand density and growth of Norway spruce (*Picea abies*) and European beech (*Fagus sylvatica*): evidence from long-term experimental plots. European Journal of Forest Research 124, 193-205

Pretzsch H e*t al*. 2015. Growth and yield of mixed versus pure stands of Scots pine (*Pinus sylvestris*) and European beech (*Fagus sylvatica*) analysed along a productivity gradient through Europe. European Journal of Forest Research 134, 927-947

Pretzsch H, Rais A. 2016. Wood quality in complex forests versus even-aged monocultures: review and

perspectives. Wood Science Technology 50, 845-880
Pretzsch H, Forrester DI, Bauhus J. eds. Mixed-species forests. Ecology and management. Springer, Berlin, Germany
Reich PB, Grigal DF, Abber J, Gower S. 1997 Nitrogen mineralization and productivity in 50 hardwood and conifer stands on diverse soils. Ecology 78, 335-347
Reich PB *et al.* 1999. Generality of leaf trait relationships: a test across six biomes. Ecology 80, 1955-1969
Reich PB *et al.* 2005. Linking litter calcium, earthworms and soil properties: a common garden test with 14 tree species. Ecology Letters 8, 811-818
林業技術編集部 １９９５. 戦後50年の林業生産活動「統計に見る日本の林業」林業技術 ６３４、40―41
Sabo KE, Sieg CH, Hart SC, Bailey JD. 2009. The role of disturbance severity and canopy closure on standing crop of understory plant species in ponderosa pine stands in northern Arizona, USA. Forest Ecology and Management 257, 1656-1662
坂口勝美 １９６１. 間伐の本質に関する研究. 林業試験場研究報告 １３１、１―95
Sakai A, Sato S, Sakai T, Kuramoto S, Tabuchi R. 2005. A soil seed bank in a mature conifer plantation and establishment of seedlings after clear-cutting in southern Japan. Journal of Forest Research 10, 295-304
Sapijanskas J, Paquette A, Potvin C, Kunert N, Loreau M. 2014. Tropical tree diversity enhances light capture through crown plasticity and spatial and temporal niche differences. Ecology 95, 2479-2492
Sasaki T, Konno M, Hasegawa Y, Imaji A, Terabaru M, Nakamura R, Ohira N, Matsukura K, Seiwa K. 2019. Role of mycorrhizal associations in ontogenetic changes in spatial distribution patterns of hardwoods in an old-growth forest. Oecologia 189, 971-980
佐藤孝夫 １９８７. 広葉樹苗の根の伸長の季節変化. 北海道林業試験場研究報告 25、１―17
澤田智志・石田秀雄 １９９５. スギ・ケヤキ混交林の林分構造. 日本林学会東北支部会誌 47、57―59
澤田智志 ２００６. ケヤキ人工植栽による針広混交林造成. 針葉樹一斉人工林の針広混交林化誘導手法開発のための基礎データセットの作成. 森林総合研究所交付金プロジェクト研究成果集 11、１―６
Scherer-Lorenzen M, Schulze E-D, Don A, Schumacher J, Weller E. 2007. Exploring the functional significance

of forest diversity: a new long-term experiment with temperate tree species (BIOTREE). Perspectives in Plant Ecology, Evolution and Systematics 9, 53-70

Scherer-Lorenzen M, Köner Ch, Schulz E -D (ed.). 2005. Forest Diversity and Function. Springer, Berlin.

清和研二　２０１３．多種共存の森．築地書館

清和研二　２０１５．樹は語る．築地書館

清和研二・有賀恵一　２０１７．樹と暮らす．築地書館

清和研二　２０１９．樹に聴く．築地書館

清和研二　２００９．広葉樹林化を林業再生の起点にしよう―土地利用区分ごとの混交割合とその生態学的・林学的根拠―．森林技術　８１１、２―８

清和研二　２０１０．広葉樹林化に科学的根拠はあるのか？―温帯林の種多様性維持メカニズムに照らして―．森林科学 59、３―８

清和研二　２０１３．スギ人工林における種多様性回復の階梯―境界効果と間伐効果の組み合わせから効果的な施業方法を考える―．日本生態学会誌 63、２５１―２６０

清和研二　２０１５．「混植」のすすめ―混交林の可能性―．森林技術　８３３、２―７

清和研二　２０１９．多種共存の森を創ろう―多様性を売って林業王国になろう．北方林業　８００記念　70、１３６―１３９

清和研二　２０２０．自然の摂理に倣う広葉樹林施業．森林技術　９３５、２―７

Seiwa K, Kikuzawa K. 1996. Importance of seed size for the establishment of seedlings of five deciduous broad-leaved tree species. Vegetatio 123, 51-64

Seiwa K. 1998. Advantages of early germination for growth and survival of seedlings of *Acer mono* under different overstorey phenologies in deciduous broad-leaved forests. Journal of Ecology 86, 219-228

Seiwa K, Kikuzawa K, Kadowaki T, Akasaka S, Ueno N. 2006. Shoot lifespan in relation to successional status in deciduous broad-leaved tree species in a temperate forest. New Phytologist 169, 537-548

Seiwa K, Miwa Y, Sahashi N, Kanno H, Tomita M, Ueno N, Yamazaki M. 2008. Pathogen attack and spatial patterns of juvenile mortality and growth in a temperate tree, *Prunus grayana*. Canadian Journal of Forest

Research 38, 2445-2454

Seiwa K, Ando M, Imaji A, Tomita M, Kanou K. 2009. Spatio-temporal variation of environmental signals inducing seed germination in temperate conifer plantation and natural hardwood forests in northern Japan. Forest Ecology and Management 257, 361-369

Seiwa K, Eto Y, Hishita M, Masaka K. 2012a. Effects of thinning intensity on species diversity and timber production in a conifer (*Criptomeria japonica*) plantation in Japan. Journal of Forest Research 17, 468-478

Seiwa K, Etoh Y, Hisita M, Masaka K, Imaji A, Ueno N, Hasegawa Y, Konno M, Kanno H, Kimura M. 2012b. Roles of thinning intensity in hardwood recruitment and diversity in a conifer, *Criptomeria japonica* plantation: A five-year demographic study. Forest Ecology and Management 269, 177-187

Seiwa K, Masaka K, Konno M, Iwamoto S. 2019. Role of seed size and relative abundance in conspecific negative distance dependent seedling mortality for eight tree species in a temperate forest. Forest Ecology and Management 453, 117537

Seiwa K, Negishi Y, Eto Y, Hishita M, Masaka K, Fukasawa Y, Matsukura K, Suzuki M. 2020. Successful seedling establishment of arbuscular mycorrhizal-compared to ectomycorrhizal-associated hardwoods in arbuscular cedar plantations. Forest Ecology and Management 468,118155

Seiwa K, Negishi Y, Eto Y, Hishita M, Negishi S, Masaka K, Suzuki M. 2021a. Effects of repeated thinning at different intensities on the recovery of hardwood species diversity in a *Cryptomeria japonica* plantation. Journal of Forest Research 26, 17-25

Seiwa K, Kuni D, Masaka K, Hayashi S, Tada C. 2021b. Hardwood mixture enhances soil water infiltration in a conifer plantation. Forest Ecology and Management 498, 119508z

Sugita H, Kunisaki T, Takahashi T, Takahashi R. 2008. Effects of previous forest types and site conditions on species composition and abundance of naturally regenerated trees in young *Criptomeria japonica* plantations in northern Japan. Journal of Forest Research 13, 155-164

鈴木愛奈 ２０１４．スギ天然林における林分構造と実生更新に及ぼす菌根菌の影響．東北大学農学部卒業論文

Taki H, Inoue T, Tanaka H, Makihara H, Sueyoshi M, Isono M, Okabe K. 2010. Responses of community structure, diversity, and abundance of understory plants and insect assemblages to thinning in plantations. Forest Ecology and Management 259, 607-613

Tateno R, Hishi T, Takeda H. 2004. Above-and belowground biomass and net primary production in a cool-temperate deciduous forest in relation to topographical changes in soil nitrogen. Forest Ecology and Management 193, 297-306

寺原幹生・山崎実希・加納研一・陶山佳久・清和研二　２００４．冷温帯落葉広葉樹林における地形と樹木種の分布パターンとの関係．東北大学複合生態フィールド教育研究センター報告 20、21―26

Thomas SC, Halpern CB, Falk DA, Liguori DA, Austin KA. 1999. Plant diversity in managed forests: understory responses to thinning and fertilization. Ecological Application 9, 864-879

Tilman D. 1988. Plant strategies and the dynamics and structure of plant communities. Princeton University Press, Princeton, NJ.

Tilman D. 1996, Productivity and sustainability influenced by biodiversity in grassland ecosystems. Nature 379, 718 - 720

Tilman D, Isbell F, Cowles JM. 2014. Biodiversity and Ecosystem Functioning. Annual Review of Ecology, Evolution and Systematics 45, 471-493

藤堂千景　２０１５．針葉樹人工林から針広混交林をめざす―広葉樹樹下植栽による混交林化―．森林技術　８８３、12―15

東北森林管理局森林技術支援センター　２０１６．列状間伐等林分の混交化に関する検討．https://www.rinya.maff.go.jp/tohoku/sidou/attach/pdf/DB655-6-38

徳地直子・大手信人・臼井伸章・福島慶太郎　２０１１．窒素負荷に伴う森林生態系の窒素循環過程の検討．日本生態学会誌 61、２７５―２９０

Trammell BW, Hart JL, Schweitzer CJ, Day DC, Steinberg MK. 2017. Effects of intermediate-severity disturbance on composition and structure in mixed *Pinus*-hardwood stands. Forest Ecology and Management 400, 110-122

Utsugi E, Kanno H, Ueno N, Tomita M, Saitoh T, Kimura M, Kanou K, Seiwa K. 2006. Hardwood recruitment into conifer plantations in Japan: effects of thinning and distance from neighboring hardwood forests. Forest Ecology and Management 237, 15-28

Vazquez-Yanes C, Orozco-Segovia A, Rincon E, Sanchez-Coronado ME, Huante P, Toledo JR, Barradas VL. 1990. Light beneath the litter in a tropical forest: effect on seed germination. Ecology 71, 1952-1958

Wang H. *et al.* 2016. Differential effects of conifer and broadleaf litter inputs on soil organic carbon chemical composition through altered soil microbial community composition. Scientific Reports 6, 27097

Wang S, Chen HYH. 2010. Diversity of northern plantations peaks at intermediate management intensity. Forest Ecology and Management 259, 360-366

渡邊未来 ２０１５．続・森林から窒素が流れ出す—間伐が窒素飽和を緩和する可能性—．国立環境研究所ニュース 34巻6号

Williams LJ, Paquette A, Cavender-Bares J, Messier C, Reich PB. 2017. Spatial complementarity in tree crowns explains overyielding in species mixtures. Nature Ecology and Evolution 1, 1-7

Wright IJ *et al.* 2004. The worldwide leaf economics spectrum. Nature 428, 821- 827

Wulantuya, Masaka K, Bayandala, Fukasawa Y, Matsukura K, Seiwa K. 2020. Gap creation alters the mode of conspecific distance-dependent seedling establishment via changes in the relative influence of pathogens and mycorrhizae. Oecologia 192, 449-462

Xia Q, Ando M, Seiwa K. 2016. Interaction of seed size with light quality and temperature regimes as germination cues in 10 temperate pioneer tree species. Functional Ecology 30, 866-874

八木貴信 ２０１８．低コスト再造林方法への新たな試み．九州の森と林業１２６、１—３

横井秀一・山口清 ２００４．豪雪地帯のスギ人工林に由来する壮齢スギ・ミズナラ混交林の林分構造と成立過程．岐阜県森林科学研究所報告 33、33—38

依田恭二 １９７１．森林の生態学．築地書館

吉岡俊人・清和研二（編）２００９．発芽生物学．文一総合出版

Zeller L *et al.* 2017. Tree ring wood density of Scots pine and European beech lower in mixed-species stands compared with monocultures. Forest Ecology and Management 400, 363-374

Zhang Y, Chen HYH, Reich PB. 2012. Forest productivity increases with evenness, species richness and trait variation: a global meta-analysis. Journal of Ecology 100, 742-749

【著者紹介】

清和研二（せいわ・けんじ）

1954年月山の麓で生まれる。北海道大学農学部卒業後、北海道林業試験場研究職員、東北大学教授を経て現在、名誉教授。針葉樹人工林の密度管理の研究に始まり、広葉樹の繁殖戦略、天然林の種多様性創出メカニズム、スギ人工林の混交林化などを研究。自然に倣う林業・林産業や生活の仕方を模索している。著書に『多種共存の森』『樹は語る』『樹に聴く』（以上、築地書館）、編著に『発芽生物学』（文一総合出版）、『日本樹木誌』（日本林業調査会）、『森林学の百科事典」（丸善出版）、共著に『樹と暮らす』（築地書館）、『生態学辞典』『森林の変化と人類』（以上、共立出版）、『森の芽生えの生態学』『樹木生理生態学』『森林の科学』『森林フィールドサイエンス』（以上、朝倉書店）などがある。

seiwakenji@gmail.com

スギと広葉樹の混交林
蘇る生態系サービス

2022年9月20日　第1刷発行

著　者　清和　研二

発行所　一般社団法人　農山漁村文化協会
〒107-8668　東京都港区赤坂7丁目6－1
電　話　03(3585)1142(営業)　03(3585)1144(編集)
FAX　03(3585)3668　振替　00120－3－144478
URL　https://www.ruralnet.or.jp/

ISBN 978-4-540-21158-4　DTP製作／㈱農文協プロダクション
〈検印廃止〉　印刷・製本／凸版印刷㈱
©清和研二 2022
Printed in Japan
定価はカバーに表示
乱丁・落丁本はお取り替えいたします。

農文協の図書案内
森と林業・山暮らし

農学基礎シリーズ
森林保護学の基礎
小池孝良・中村誠宏・宮本敏澄 編著
B5判 192頁 4200円＋税

気象災害・火災・大気汚染、病害、虫害、野生動物、侵入外来種まで、森林生態系の保護・保全を基本にすえた森林保護学の入門書。予防、駆除する理論と方法を解明する学問から総合的生物多様性管理への転換をめざす。

図解 これならできる山づくり
人工林再生の新しいやり方
鋸谷茂・大内正伸 著
A5判 160頁 2200円＋税

日本の山が膨大に抱えるスギやヒノキの人工林。里山人気の陰で荒廃する一方の山を気軽に再生し、楽に管理していくノウハウを紹介。森林ボランティアなど山仕事の経験のない人にもできる新しい山のつくり方マニュアル。

「植えない」森づくり
自然が教える新しい林業の姿
大内正伸 著 A5判 208頁 1900円＋税

日本の気候風土と現代事情に見合ったエコロジカルな林業の再構築を、実生を活かす「植えない森づくり」として具体的に提案。暮らしと森との関係を取り戻す新しい技術や暮らし方の処方箋も紹介する。

図解 これならできる
山を育てる道づくり
安くて長もち、四万十式作業道のすべて
田邊由喜男 監修・大内正伸 著
A5判 160頁 2200円＋税

使うのは山の表土や間伐材など現地素材のみ。沢水は上手にやり過ごして、自然を活かし手間もコストもかけずにやる、雨に崩れにくい道づくり。斬新かつ自然調和的な「四万十式工法」の理論と実際を多数の図と写真で解説。

農文協の図書案内

森と林業・山暮らし

小さい林業で稼ぐコツ
軽トラとチェンソーがあればできる
農文協 編　B5判 128頁 2000円+税

「山は儲からない」は思い込み。自分で切れば意外とお金になる。そのためのチェンソーの選び方から、安全な伐倒法、間伐の基本、造材・搬出の技、山の境界を探すコツ、補助金の使い方まで楽しく解説。

小さい林業で稼ぐコツ2
裏山は宝の山、広葉樹の価値発見
農文協 編　B5判 128頁 2000円+税

裏山の「雑木」には知られざる値打ちがある。お宝広葉樹の探し方から、樹種ごとの売り方・活かし方、放置された人工林に手を入れるための技、林床を生かした山菜の自生地栽培まで。

林ヲ営ム
木の価値を高める技術と経営
赤堀楠雄 著　A5判 216頁 2000円+税

日本林業の実態を明らかにし、育林・造材の各段階で選別（ソート）を徹底、木の価値を高める各地の林家の技術と経営、木材マーケティングの要諦を丁寧に紹介。木を大切に育て続ける林業にこそ未来があることを示す。

山で暮らす愉しみと基本の技術
大内正伸 著　AB判 144頁 2600円+税

木の伐採と造材、小屋づくり、石垣積みや水路の補修、囲炉裏の再生など山暮らしで必要な力仕事、技術の実際を詳細なカラーイラストと写真で紹介。本格移住、半移住を考える人、必読。山暮らしには技術がいる！

（価格は改定になることがあります）

農文協の図書案内

森と林業・山暮らし

基礎から学ぶ
森と木と人の暮らし
NPO法人共存の森ネットワーク 企画／
鈴木京子・赤堀楠雄・浜田久美子 著
A5判 144頁 1300円＋税

「飢饉になったら山に入れ」。そう言い伝えられる豊かな森の恵みと、それを生かした暮らし、木という素材の不思議な性質、水を貯え海を富ます森の働き、ある林業家の激動の林業史など、写真と図を交えて紹介。森の聞き書き甲子園から生まれた本。

シリーズ地域の再生18
林業新時代
「自伐（じばつ）」がひらく農林家の未来
佐藤宣子・興梠克久・家中茂 著
四六判 296頁 2600円＋税

軽トラとチェンソーがあれば林業が始められる！大規模・高投資・高性能機械で材価も環境も破壊する「施業委託型林業」から、小規模・低投資・小型機械で中山間地域に仕事をおこす「自伐型林業」への展開の道筋を示す。

中山間地域ハンドブック
佐藤洋平・生源寺眞一 監修／
NPO法人中山間地域フォーラム 編
B5判 180頁 1800円＋税

人口減少・高齢化をいち早く経験した中山間地域は、課題先進地であり、新しいライフスタイルとビジネスモデル提案の場である。そこでの課題を36テーマにコンパクトに整理し、事例と提言とあわせて未来社会を展望。

内山節著作集10
森にかよう道
内山節 著 四六判 364頁 2800円＋税

知床から屋久島まで日本全国の森を訪ね、自然条件や地域の暮らしとの関係で姿を変える森をとらえ、「森と人間との営み」の回復を展望する。ほかに『信濃毎日新聞』連載より単行本未収録の14回分などを収録する。

（価格は改定になることがあります）